Mag. Andreas Reimair
Mag.ª Renate Ginzinger
Mag. Wolfgang Huber

Mathematik

Berufsreifeprüfung
Lehre mit Matura

Erarbeitungsteil: Lösungen

auf Basis des Grundkompetenzkatalogs Teil A

und Clusters P im Teil B

inklusive der neuen Aufgabenformate für die sRDP ab Mai 2018

bvl
Bildungsverlag Lemberger

ikon
ikon VerlagsGesmbH

Inhaltsverzeichnis

0 Wiederholung von Grundlagen (Basiswissen)

0.1 Maße und ihre Teile (Deskriptor 1.3)

Lösung 0.1.1.01

1 350 mm   14 000 m   650 cm   13 400 dm   9 700 mm
2 7,36 m   0,038 m   28 090 m   3,248 m   0,17 m
3 12 km 470 m   4 m 5 dm 6 cm 7 mm   753 m 4 cm
25 m   3 m 6 dm 6 cm 5 mm
4 35 mm < 30 cm 6 mm < 0,000 35 km < 3,5 m < 350 dm

Lösung 0.1.1.02

1 444 728 m
2 444 km 728 m
3 88,945 6 km

Lösung 0.1.1.03

1 Arlbergtunnel – Bosrucktunnel: 5,47 km
Arlbergtunnel – Karawankentunnel: 2,294 km
Arlbergtunnel – Semmeringtunnel: 8,84 km
Arlbergtunnel – Tauerntunnel: 1,72 km
2 Simplontunnel – Arlbergtunnel: 9,553 km

Lösung 0.1.1.04

1 $365 \cdot 2 + (226 + 88) \cdot 2 + 226 \cdot 2 = 1\,810$ dm = 181 m
2 $\frac{181}{1,2} + 150,83\ldots \rightarrow$ 151 Holzlatten

Lösung 0.1.2.01

1 4,75 dm^2 0,35 km^2 23,41 ha   3,4 cm^2 0,09 m^2
2 0,0736 m^2 0,0088 m^2 280 900 m^2 324 800 m^2 17 000 000 m^2
3 24 a 70 m^2 45 cm^2 67 mm^2 7 ha 53 a 4 m^2
2 ha 50 a   36 dm^2 65 cm^2
4 0,402 km^2 > 0,42 ha > 4,2 a > 4 200 dm^2 > 42 000 cm^2

Lösung 0.1.2.02

1 Skizze:
2 2,035 m^2
3 Länge 2,25 m und Breite 1,50 m
4 $(2,25 + 1,50) \cdot 2 + 0,5 = 8$ m
5 33,6 €

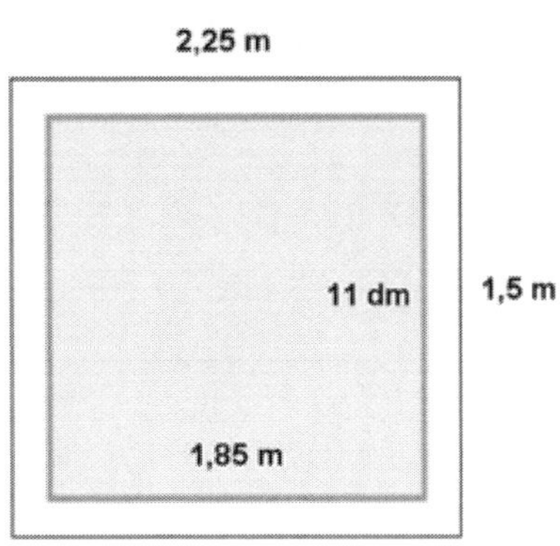

Lösung 0.1.2.03

1 $a = \frac{u}{4}$

2 $A = 81\ \text{m}^2$

3 $\frac{9 \cdot 9}{0{,}37 \cdot 0{,}45} = 486{,}4\ldots \rightarrow$ mind. 487 Pflastersteine

Lösung 0.1.2.04

1 $l = \frac{u}{2} - 19$

2 $l = 30\ \text{m}$

3 $l_1 = \frac{A}{19}$

4 $l_1 = 46\ \text{m}$

Lösung 0.1.2.05

1 Skizze:

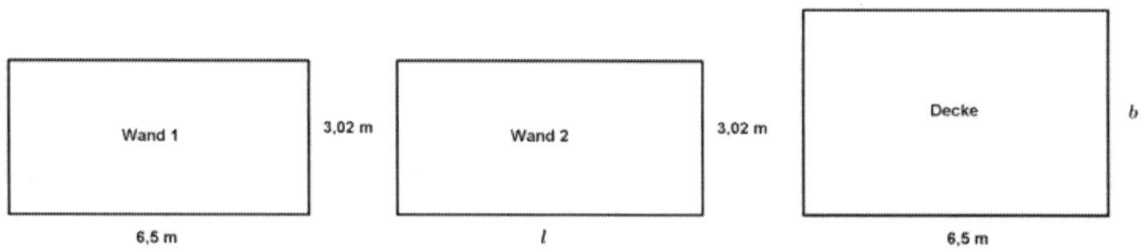

2 $b = \frac{27{,}95}{6{,}5} = 4{,}3\ \text{m}$

3 $A = 2 \cdot (6{,}5 \cdot 3{,}02 + 4{,}3 \cdot 3{,}02) + 27{,}95 - 1{,}2 \cdot 1{,}3$

4 $A = 91{,}622\ \text{m}^2$

5 $\frac{91{,}622}{15} \cdot 2{,}25 = 13{,}7\ldots \rightarrow$ 14 kg Farbe

Lösung 0.1.3.01

1 $0{,}003\,24\ \text{dm}^3$ $0{,}076\ \text{cm}^3$ $0{,}061\ \text{m}^3$ $0{,}672\ \text{dm}^3$ $1{,}435\ \text{cm}^3$

2 $0{,}000\,645\ \text{m}^3$ $15{,}436\ \text{m}^3$ $0{,}007\ \text{m}^3$ $0{,}672\,312\ \text{m}^3$ $0{,}000\,021\,456\ \text{m}^3$

3 $1\ \text{m}^3\ 435\ \text{dm}^3$ $367\ \text{cm}^3\ 589\ \text{mm}^3$ $500\ \text{mm}^3$ $4\ \text{m}^3\ 80\ \text{dm}^3$
$4\ \text{m}^3\ 123\ \text{dm}^3\ 98\ \text{cm}^3$

4 $633\,000\ \text{mm}^3 < 6\,330\ \text{cm}^3 < 63{,}3\ \text{dm}^3 < 0{,}633\ \text{m}^3$

Lösung 0.1.3.02

1 $V = 18 \cdot 0{,}28 \cdot 2{,}2 \cdot 35 = 388{,}08\ \text{dm}^3$

2 $m = \rho \cdot V = 0{,}86 \cdot 388{,}08 = 333{,}7\ ..\ \text{kg} < 500\ \text{kg}$

Ja, der Bauer kann die Bretter mit einer einzigen Fuhre abtransportieren.

Lösung 0.1.3.03

1 $m = \rho \cdot V = 2\,800 \cdot 0{,}75^3 = 1\,181{,}25\ \text{kg}$

2 $\frac{3\,800}{1\,181{,}25} = 3{,}2\ldots \rightarrow$ 3 Granitwürfel

Lösung 0.1.3.04

1 50 cm x 24 cm x 39 cm

2 $6 \cdot 2 \cdot 2 \cdot 6 = 144$ Vollziegel

3 $m = \rho \cdot V = 1{,}7 \cdot 2{,}5 \cdot 1{,}2 \cdot 0{,}65 = 3{,}315$ kg

4 Weil ein Zaunpfeiler aus 24 Vollziegeln besteht.

Lösung 0.1.4.01

1	259 l	7 600 l	6,1 l	0,672 l	3,5 l
2	6,45 hl	43,6 hl	0,027 02 hl	6 723,12 hl	0,000 214 56 hl
3	1 l 4 dl 3 cl 5 ml		3 l 6 dl 7 cl 5 ml		5 cl 6 ml
	4 l 8 cl		412 hl 98 l		
4	2,7 l = 270 cl		45 l > 4 500 ml		70 ml < 0,7 l
	203,9 l > 2,03 hl		0,65 l = 6,5 dl		40 cl = 0,4 l

Lösung 0.1.4.02

1 10 cm, 9 cm, 8 cm, 7 cm, 6 cm, 5 cm, 4 cm, 3 cm

2 $O = 5 \cdot 10^2 = 500 \text{ cm}^2$

3 $V = 10^3 + 9^3 + \ldots + 3^3 = 3\,016 \text{ cm}^3$

Lösung 0.1.4.03

1 $h = \frac{V}{l \cdot b}$

2 $h = \frac{1{,}848}{1{,}1 \cdot 1{,}2} = 1{,}4 \text{ m}$

Lösung 0.1.4.04

1 $V = 32 \cdot 20 \cdot 1{,}8 = 1\,152 \text{ m}^3 = 11\,520 \text{ hl}$

$t = \frac{V}{30} = 384 \text{ min} = 6 \text{ h } 24 \text{ min}$

2 50 l

3 $O = 32 \cdot 20 + 2 \cdot (32 + 20) \cdot 1{,}9 = 837{,}6 \text{ m}^2$

$\frac{837{,}6}{0{,}31^2} + 50 = 8\,765{,}9\ldots \rightarrow$ mindestens 8 766 Fliesen

Lösung 0.1.5.01

1	9 000 kg	0,76 kg	6,1 kg	6 000,072 kg	2,405 kg
2	64,5 dag	436 000 dag	27 020 dag	600 dag	214 dag
3	1 t 435 kg		36 kg 75 dag		40 dag 8 g
	56 kg 76 dag 5 g		412 kg 98 dag		
4	2,7 t = 2 700 kg		45 kg > 450 dag		40 kg < 0,40 t
	203 g = 0,203 kg		70,4 dag = 0,704 kg		0,65 t > 65 kg

Lösung 0.1.5.02

1 $40 \cdot 0{,}84 = 33{,}6$ kg

2 $36 \cdot 1{,}089 = 39{,}204$ €

Lösung 0.1.5.03

Fleischhauer: $\frac{9{,}35}{85} = 0{,}11\frac{€}{dag} = 11\frac{€}{kg}$

Supermarkt: $\frac{8{,}52}{71} = 0{,}12\frac{€}{dag} = 12\frac{€}{kg}$

Lösung 0.1.5.04

1 $\frac{3{,}7 \cdot 10^6}{7\,200} \cdot 1\,000$

2 513 889 kg

3 $\frac{3{,}7 \cdot 10^6}{75} = 49\,333{,}\dot{3}$ ha

4 493 333 333 m^2

Lösung 0.1.6.01

1	15 min	4 560 min	8 640 min	403,2 min	$40{,}08\dot{3}$ min
2	$0{,}179\,\dot{1}\dot{6}$ h	104,64 h	$4{,}50\dot{3}$ h	0,144 h	

Lösung 0.1.6.02

7 h 10 min

15:24 Uhr

Lösung 0.1.6.03

1 $500 \cdot 11 = 5\,500$ s = 91 min 40 s

2 $1\,500 \cdot 11 = 16\,500$ s = 4 h 35 min → 11:55 Uhr Ziel somit erreicht

Lösung 0.1.6.04

1 16 h 48 min 44 s

2 1 h 16 min

0.2 Rechnen mit ganzen Zahlen, Grundrechnungsarten, Vorrangregeln

Lösung 0.2.01

a) 58	b) –100	c) 33	d) 36	e) 164
f) –750	g) –124	h) –68	i) –4,5	j) –47
k) 67	l) –54	m) –27	n) 10	

Lösung 0.2.02

a) $-3 - (-3) \cdot (-3) = -3 - 9 = -12$

b) $4 \cdot 4 \cdot 4 - (-4) \cdot (-4) \cdot (-4) = 128$

c) $4 + (-2) \cdot (-2) = 8$

d) $(-2) \cdot (-3) \cdot (-2) \cdot (-3) = 36$

e) $23 \cdot 23 = 529$

f) $11 \cdot 11 = 121$

g) $(2 \cdot 2 \cdot 2 + 3 \cdot 3)^3 = (8 + 9)^3 = 17 \cdot 17 \cdot 17 = 4\,913$

h) $10 - \left(\frac{4 \cdot 4}{2 \cdot 2 \cdot 2}\right)^4 = 10 - 2 \cdot 2 \cdot 2 \cdot 2 = -6$

i) $10 - 4 \cdot 5 \cdot 5 = -90$

0.3 Brüche, Dezimalzahlen

Lösung 0.3.01

1 a) 0,25 b) 0,5 c) 0,375 d) 0,8

2 a) $\frac{1}{4}$ b) $\frac{5}{8}$ c) $\frac{1}{2}$ d) $\frac{3}{5}$

3 a) $\frac{1}{3}$ b) $\frac{1}{2}$ c) $\frac{2}{5}$ d) $\frac{23}{26}$

4 a) $\frac{18}{27}$ b) $\frac{15}{25}$ c) $\frac{80}{128}$ d) $\frac{42}{78}$

5 a) $\frac{4}{12}, \frac{9}{12}, \frac{10}{12}, \frac{7}{12}$ b) $\frac{5}{20}, \frac{12}{20}, \frac{10}{20}, \frac{6}{20}$ c) $\frac{45}{50}, \frac{30}{50}, \frac{42}{50}, \frac{25}{50}$ d) $\frac{50}{60}, \frac{33}{60}, \frac{20}{60}, \frac{92}{60}$

6 a) $\frac{11}{12} > \frac{5}{6} > \frac{3}{4} > \frac{5}{8}$ b) $\frac{9}{10} > \frac{14}{50} > \frac{3}{25} > \frac{1}{100}$

c) $\frac{3}{4} > \frac{5}{8} > \frac{1}{2} > \frac{2}{7}$ d) $\frac{11}{5} > \frac{13}{6} > \frac{17}{10} > \frac{1}{2}$

Lösung 0.3.02

a) $\frac{3}{4}$	b) $\frac{2}{7}$	c) $\frac{2}{11}$	d) $\frac{13}{10} = 1\frac{3}{10}$	e) $\frac{13}{30}$
f) 0	g) $6\frac{3}{40}$	h) $\frac{4}{7}$	i) $\frac{31}{60}$	j) $\frac{1}{12}$
k) $\frac{80}{63} = 1\frac{17}{63}$	l) $\frac{11}{12}$			

Lösung 0.3.03

1 $12 \cdot \frac{10}{7} = 17{,}14 \rightarrow$ 17 Flaschen

2 $24 - 17 = 7$ Flaschen

Lösung 0.3.04

1 $25 - 3\frac{3}{10} - 5\frac{1}{2} - 0{,}54 - 1{,}03 - 2\frac{3}{5}$

2 12,03 kg

3 $\frac{12{,}03}{0{,}3} = 40{,}1 \rightarrow 40$ Portionen

Lösung 0.3.05

1,45 km

Lösung 0.3.06

1 $\frac{1}{6} < \frac{1}{4} = \frac{2}{8} < \frac{1}{3}$

2 $\frac{6\,192}{6} = 1\,032$ Personen

Lösung 0.3.07

1 $12 \cdot 5 \cdot \frac{3}{4} = 45\ m^3$

2 $12 \cdot 5 \cdot \frac{1}{4} = 15\ m^3$

0.4 Prozent- und Promillerechnung (Deskriptor 1.5)

Lösung 0.4.01

1 $\frac{1}{20} = 0{,}05$ $\frac{1}{4} = 0{,}25$ $\frac{3}{4} = 0{,}75$ $\frac{1}{1} = 1$ $\frac{3}{2} = 1{,}5$

2 25 % 70 % 40 % 200 % 50 %

Lösung 0.4.02

a) $G = 645$	$p = 40\ \%$	$A = 258$
b) $G = 500$	$p = 55\ \%$	$A = 275$
c) $G = 150$ km	$p = 2\ \%$	$A = 3$ km
d) G = 800	$p = 89\ \%$	$A = 712$

Lösung 0.4.03

a) $\frac{1\,423{,}6}{1{,}015} = 1.402{,}56$ €

b) $\frac{350}{0{,}3} = 1.166{,}67$ €

c) $\frac{3{,}8}{2 \cdot 1{,}2} = 1{,}58\dot{3}\ m^2$

d) $450 \cdot 1{,}2 = 540 > 520$ Nein, es reicht nicht.

Lösung 0.4.04

1 $V = 130 \cdot 75 \cdot 48 = 468\,000\ mm^3$

2 $V_1 = V \cdot 0{,}77 = 360\,360\ mm^3$

3 $V_{ges} = V \cdot 0{,}77 \cdot 0{,}83 \cdot 0{,}6 = 179\,459{,}28\ mm^3 = 179{,}459\,28\ cm^3$

4 $\frac{V - V_{ges}}{V} \cdot 100 = 61{,}654\ \%$

Lösung 0.4.05

$254\,000 \cdot 0{,}002\,5 = 635$ €

Lösung 0.4.06

$100 \cdot 0{,}8 \cdot 1{,}2 = 96$ €

0.5 Rechnen mit Variablen, binomische Formeln, Gleichungen

Lösung 0.5.01

a) $-12 \cdot x + 15 \cdot y - 79 \cdot z$ b) $-y$ c) $\frac{b-5}{6}$

d) $a^2 + a$ e) $\frac{9}{8} \cdot r + \frac{7}{8} \cdot s$ f) $\frac{x \cdot y}{2 \cdot z}$

g) $315 \cdot a \cdot b \cdot c$ h) 8

Lösung 0.5.02

1 a) $s \cdot m + s \cdot n$
b) $h \cdot l - t \cdot l$
c) $6 \cdot x^2 + 15 \cdot x \cdot y - 18 \cdot x \cdot z - 5$
d) $x \cdot f + y \cdot f + x \cdot g + y \cdot g$
e) $e \cdot d - f \cdot d + e^2 - e \cdot f$
f) $10 \cdot a \cdot k + 15 \cdot a \cdot h - 12 \cdot b \cdot k - 18 \cdot b \cdot h$

2 a) $2 \cdot x \cdot (2 + y + 9 \cdot x)$
b) $3 \cdot m \cdot g \cdot (1 - 9 \cdot m + 33 \cdot g)$

Lösung 0.5.03

a) $m^2 + 2 \cdot m \cdot z + z^2$ b) $j^2 - 2 \cdot j \cdot d + d^2$
c) $4 \cdot f^2 - 12 \cdot f \cdot s + 9 \cdot s^2$ d) $25 \cdot a^2 - 30 \cdot a \cdot h + 9 \cdot h^2$
e) $49 \cdot g^2 - 81 \cdot x^2$

Lösung 0.5.04

a) $x = 35$ b) $x = 61$ c) $a = 6$
d) $s = 6$ e) $y = 2$ f) $a = -2$

1 Aussagenlogik

Lösung 1.01

a) **1** ja; **2** Es kann entschieden werden, ob dieser Satz wahr oder falsch ist.
b) **1** nein; **2** Anweisungen sind keine Aussagen.
c) **1** nein; **2** Fragestellungen sind keine Aussagen.
d) **1** ja; **2** Es kann entschieden werden, ob dieser Satz wahr oder falsch ist (in diesem Fall: falsch).
e) **1** nein; **2** Es handelt sich um eine persönliche Meinung.
f) **1** ja; **2** Es kann entschieden werden, ob dieser Satz wahr oder falsch ist (in diesem Fall: falsch).
g) **1** ja; **2** Es kann entschieden werden, ob dieser Satz wahr oder falsch ist (in diesem Fall: falsch).

Lösung 1.02

a) → h), b) → f), c) → j), d) → g), e) → i)

2 Mengenlehre (Deskriptor B_P_1.1)

Lösung 2.01

a) $A = \{5, 6, 7\}$
b) $B = \{4, 5, 6\}$
c) $C = \{-2, -1, 0, 1, 2, 3, 4\}$
d) $D = \{-5, -4, -3, -2\}$
e) $E = \{0, 1, 2, 3\}$
f) $f = \{0, 1, 2, 3, 4, 5\}$
g) $G = \{-2, -1, 0, 1, 2, \ldots\}$
h) $H = \{4, 5, 6\}$
i) $I = \{0, 1, 2, 3, 4, 5, 6\}$
j) $J = \{3, 4, 5\}$

Lösung 2.02

a) $A = \{x \in \mathbb{N} \mid 2 \leq x \leq 4\}$
b) $B = \{x \in \mathbb{N} \mid x \geq 4\}$
c) $C = \{x \in \mathbb{Z} \mid -2 \leq x \leq 1\}$
d) $D = \{x \in \mathbb{Z} \mid x \leq 0\}$
e) $E = \{x \in \mathbb{Z} \mid -4 \leq x \leq -2\}$
f) $F = \{x \in \mathbb{Z} \mid x \geq -1\}$

Lösung 2.03

a) Ja, weil alle Elemente von A in B enthalten sind.
b) Ja, weil alle Elemente von A in B enthalten sind.
c) Nein, weil alle negativen Zahlen nicht in B enthalten sind.
d) Nein, weil die Zahl 3 nicht in B enthalten ist.
e) Ja, weil alle Elemente von A in B enthalten sind.
f) Ja, weil alle Elemente von A in B enthalten sind.

Lösung 2.04

a) $A \cap B = \{3\}$; $A \cup B = \{1,2,3,4,5\}$; $A \setminus B = \{4,5\}$; $B \setminus A = \{1,2\}$
b) $A \cap B = \{\ \} = \varnothing$; $A \cup B = \{-1,0,5,6,7\}$; $A \setminus B = \{5,6,7\}$; $B \setminus A = \{-1,0\}$
c) $A \cap B = \{\ \} = \varnothing$; $A \cup B = \{5,6,7,8,9\}$; $A \setminus B = \{7,8,9\}$; $B \setminus A = \{5,6\}$
d) $A \cap B = \{-1,0,1\}$; $A \cup B = \{-2,-1,0,1,2,3\}$; $A \setminus B = \{2,3\}$; $B \setminus A = \{-2\}$
e) $A \cap B = \{0,1\}$; $A \cup B = \{-2,-1,0,1,2,3,4\ldots\}$; $A \setminus B = \{-2,-1\}$;
$B \setminus A = \{2,3,4,\ldots\}$
f) $A \cap B = \{3,4\}$; $A \cup B = A$; $A \setminus B = \{2,5,6\}$; $B \setminus A = \{\ \} = \varnothing$
g) $A \cap B = \{0,1\}$; $A \cup B = \{-1,0,1,2\}$; $A \setminus B = \{2\}$; $B \setminus A = \{-1\}$
h) $A \cap B = \{0,1,2\}$; $A \cup B = \{-1,0,1,2,3\}$; $A \setminus B = \{3\}$; $B \setminus A = \{-1\}$

Lösung 2.05

a) wahr
b) wahr
c) wahr
d) falsch
e) falsch
f) falsch
g) wahr
h) falsch
i) wahr

Lösung 2.06

a) *B* ist eine Teilmenge von *A*.

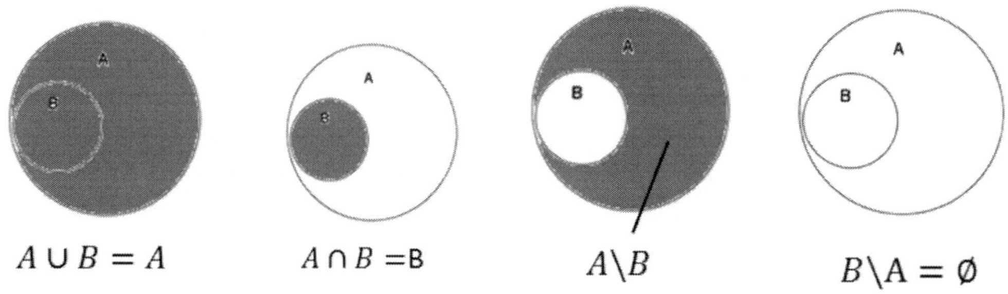

b) Die grau ausgefüllten Flächen stellen die gesuchten Mengen dar.

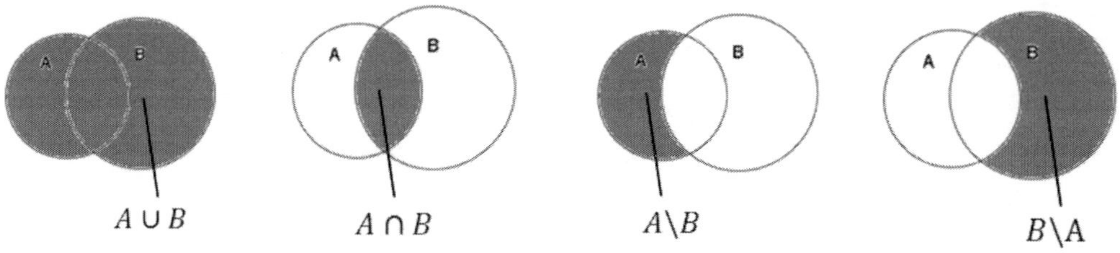

c) Die Mengen *A* und *B* sind disjunkt, das bedeutet, die Schnittmenge ist leer.

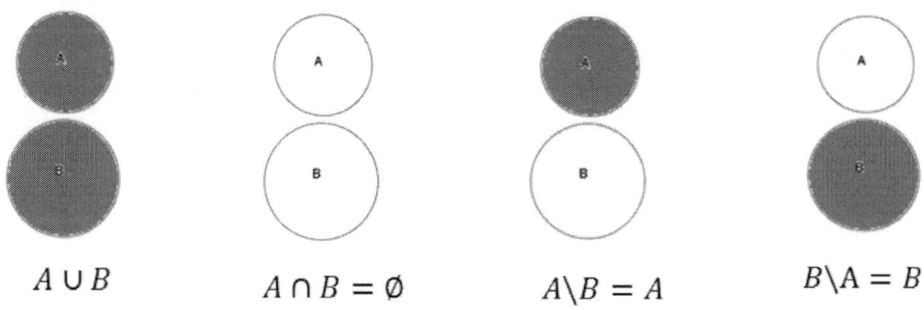

Lösung 2.07

a) $D \cap E = \{x \mid (x \in D) \wedge (x \in E)\}$
b) $F \setminus R = \{x \mid (x \in F) \wedge (x \notin R)\}$
c) $K \cup L = \{x \mid (x \in K) \vee (x \in L)\}$

Lösung 2.08

$A = \{6, 8, 10, 12, 14\}$, $B = \{6, 9, 12, 15, 18, 21\}$, $C = (\ldots -8, -4, 0, 4, 8 \ldots\}$
$A \setminus (B \cap C) = (6, 8, 10, 14\}$
$(A \cap B) \setminus (A \cap C) = \{6, 12\} \setminus \{8, 12\} = (6\}$
Gleichheit ist nicht gültig.

Lösung 2.09

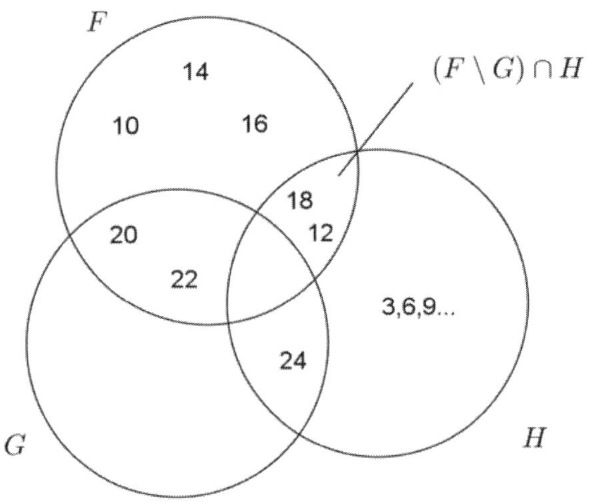

Lösung 2.10

1 269

2 958 – 98 = 860	betreiben Sport
319 + 810 = 1 129	spielen Tennis und schwimmen
1 129 – 860 = 269	üben beide Sportarten aus

Lösung 2.11

1 2 Personen essen nur Suppe, 10 Personen essen Suppe und Obst, 6 Personen essen nur Schnitzel, 1 Person isst Schnitzel und Obst. 7 Personen essen alle drei Gerichte.
2 Es werden insgesamt 14 Portionen Schnitzel, 19 Portionen Suppe und 18 Portionen Obst verzehrt.
3 Der Ausdruck $SCH \setminus (S \cap O)$ gibt die Anzahl der Personen an, welche nur ein Schnitzel verzehrt haben.

Lösung 2.12

Die färbige Fläche kann durch folgenden Ausdruck beschrieben werden:
$(SF \setminus SW) \cup (SW \cap EL)$

Lösung 2.13

1

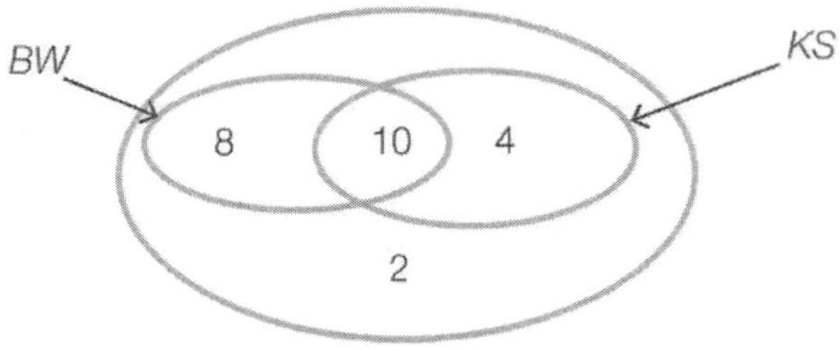

2 2 Kinder haben keine der beiden Stationen besucht.

3 (1) $M_1 = KS \setminus BW$ … Menge der Kinder, die beim Kirschkernspucken, aber nicht beim Ballwerfen mitgemacht haben.

(2) $M_2 = KS \cap BW$ … Menge der Kinder, die sowohl beim Kirschkernspucken als auch beim Ballwerfen teilgenommen haben.

3 Zahlenmengen (Deskriptor 1.1)

3.1 Die Menge der natürlichen Zahlen

Lösung 3.1.01

a) 37
b) 66
c) 152
d) 4
e) 4
f) 3

Lösung 3.1.02

a) $(435 + 26) \cdot 3 = 1\,383$
b) $3 \cdot \left(\frac{476}{17}\right) = 84$
c) $(13\,425 - 7\,560) + 123 \cdot 16 = 7\,833$

Lösung 3.1.03

a) $n + 2 = 2 \cdot (3 \cdot 4 \cdot 5 \cdot 6 \cdot 7 \cdot 8 \cdot 9 + 1)$ ist auch durch 2 teilbar
b) $n + (n - 1) + (n + 1) = 3 \cdot n \rightarrow$ somit ist die Summe durch 3 teilbar

Lösung 3.1.04

a) $n + (n + 1) + (n + 2) + (n + 3) = 4n + 6 = 2 \cdot (2n + 3) \rightarrow$ gerade
b) Wenn n die größte natürliche Zahl wäre, zählt man 1 dazu und man bekommt eine noch größere usw. Somit kann es keine größte Zahl geben.

Lösung 3.1.05

$M = R + 11 \rightarrow M > R$
$R = 2 \cdot M \rightarrow R \geq M$
Es können nicht beide Gleichungen gleichzeitig erfüllt werden.

Lösung 3.1.06

1 Man berechnet zuerst die Fläche des Trapezes $A = \frac{(a + c)}{2} \cdot h$ und erhält $b = \frac{V}{A}$
2 $b = \frac{10}{10} = 1\text{ m}$
3 $V = l \cdot b \cdot h = 5{,}5 \cdot 2{,}5 \cdot 2{,}25 = 30{,}937\,5\text{ m}^3 = 30\,937{,}5\text{ l}$

Lösung 3.1.07

Die Behauptung ist richtig, weil $10 = 5 \cdot 2 \rightarrow 10 \cdot n = 5 \cdot 2 \cdot n \rightarrow$ durch 5 teilbar

Lösung 3.1.08

$11^2 + 15^2 = 346$

3.2 Die Menge der ganzen Zahlen

Lösung 3.2.01

a) $3 + 4 \cdot 3 = 3 + 12 = 15$
b) $2 \cdot 1 + 3 = 2 + 3 = 5$
c) $2 \cdot (1 + 3) = 2 \cdot 4 = 8$
d) $(3 - 1) \cdot 4 = 2 \cdot 4 = 8$
e) $7 + 2 \cdot (2 + 3) = 7 + 2 \cdot 5 = 7 + 10 = 17$
f) $5 - 2 + 3 \cdot 4 = 5 - 2 + 12 = 15$
g) $3 \cdot 2 - 2 \cdot 2 = 6 - 4 = 2$
h) $3^2 - 2 \cdot 2 = 9 - 4 = 5$
i) $3 \cdot 2^3 + 4 = 3 \cdot 8 + 4 = 24 + 4 = 28$
j) $4 + (2 + 1)^2 = 4 + 3^2 = 4 + 9 = 13$
k) $27 - (2^2 + 1)^2 = 27 - 5^2 = 27 - 25 = 2$
l) $3^2 - (4 - 2)^2 = 9 - 2^2 = 9 - 4 = 5$
m) $(2 + 3) \cdot (3 - 2) = 5 \cdot 1 = 5$
n) $(15 - (3 + 9))^2 = (15 - 12)^2 = 3^2 = 9$
o) $2^3 - (23 - (5 - 1)^2) = 8 - (23 - 4^2) = 8 - (23 - 16) = 8 - 7 = 1$

Lösung 3.2.02

a) 2
b) 3
c) 13
d) −3
e) 1
f) −4
g) −2
h) −6

Lösung 3.2.03

a) −7
b) −3
c) 13
d) −9
e) 0
f) −13
g) −6
h) −2

Lösung 3.2.04

a) 21
b) −54
c) −34
d) 1 045
e) 29
f) 73

Lösung 3.2.05

a) Richtig:
0 ist die kleinste natürliche Zahl.
Wenn *n* die größte natürliche Zahl wäre, könnte ich 1 addieren und man erhält eine noch größere natürliche Zahl usw.

b) Falsch:
Auf der Zahlengeraden liegt zwischen 1 und 2 die Zahl 1,5 und die ist nicht in den ganzen Zahlen enthalten.

Lösung 3.2.06

A: 1 Richtig
$2\,986 - 58 \cdot 14 - \frac{264}{21} = 986 - \left(58 \cdot 14 + \frac{264}{21}\right)$

B: 1 Falsch
$2\,986 - 58 \cdot 14 - \frac{264}{21} = \frac{(986 - 58) \cdot 14 - 264}{21}$ → Punkt vor Strichrechnung

C: 1 Falsch
$2\,986 - 58 \cdot 14 - \frac{264}{21} = 986 - \left(58 \cdot 14 - \frac{264}{21}\right)$ → Vorzeichenfehler

D: 1 Richtig
$2\,986 - 58 \cdot 14 - \frac{264}{21} = (986 - 58 \cdot 14) - \frac{264}{21}$

3.3 Die Menge der rationalen Zahlen (Bruchzahlen)

Lösung 3.3.01

a) $\frac{5}{4}$
b) $\frac{17}{20}$
c) $\frac{1}{15}$
d) $\frac{5}{8}$
e) $\frac{9}{20}$
f) $\frac{11}{24}$
g) $\frac{23}{24}$

Lösung 3.3.02

a) 2

b) 1

c) 3

d) $\frac{1}{12}$

e) $\frac{1}{4}$

f) $\frac{4}{15}$

g) $\frac{1}{6}$

h) $\frac{1}{2}$

Lösung 3.3.03

a) $\frac{8}{9}$

b) $\frac{2}{9}$

c) $\frac{12}{5}$

d) 27

Lösung 3.3.04

a) 1

b) $\frac{11}{10}$

c) $\frac{1}{4}$

d) $\frac{3}{20}$

e) $-\frac{32}{15}$

f) $-\frac{7}{24}$

g) $\frac{8}{15}$

h) $\frac{1}{5}$

i) $\frac{4}{3}$

Lösung 3.3.05

$$\left(\left(1+\tfrac{1}{8}\right)\cdot\left(4+\tfrac{8}{9}\right)+\left(2+\tfrac{2}{15}\right)\cdot\left(2+\tfrac{11}{12}\right)\right)-\left(\left(14+\tfrac{2}{3}\right)\div\left(3+\tfrac{1}{7}\right)+\left(5+\tfrac{1}{7}\right)\div\left(\tfrac{16}{7}\right)\right)=4\tfrac{29}{36}$$

Lösung 3.3.06

1 a) 7 b) −12,005 c) −12,409 5

2 Im Intervall $[a, b]$ liegt immer $\frac{a+b}{2}$ und diese Zahl ist Element der rationalen Zahlen.

Lösung 3.3.07

A: Falsch, weil die Freikarte vergessen wurde.
B: Richtig
C: Falsch, weil der Eintritt ins Bad für die Kinder nur die Hälfte kostet.
D: Richtig
E: Richtig

Lösung 3.3.08

1 *G*…Gewinn, *P*… Preis des Fahrrades

$\frac{3}{8} \cdot G = 9\,000$ $\quad P = \frac{3}{10} \cdot 9\,000$

2 $G = 24.000$ €

3 $P = 2.700$ €

Lösung 3.3.09

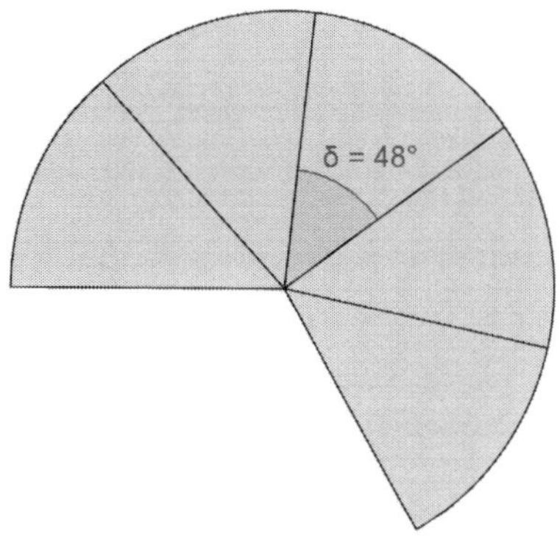

Lösung 3.3.10

A: Falsch, weil $\frac{1}{3} \neq \frac{3}{4}$ ist.
B: Richtig, weil 25 % $= \frac{1}{4}$ ist.
C: Falsch, denn dann hätten $\frac{3}{7}$ eine Matura.
D: Richtig, weil $\frac{1}{4} = 25$ % sind.

Lösung 3.3.11

Die Markierung ist auf der Höhe von 750 ml einzuzeichnen.

Lösung 3.3.12

1 A: 250 cl B: 3 000 cm^3
2 Weil 250 cl = 2,5 l < 3 000 cm^3 = 3 l gilt.

Lösung 3.3.13

1 kgV(12,20,24) = 120
2 ggT(100,120) = 20

3.4 Die Menge der reellen Zahlen

Lösung 3.4.01

	$\mathbb{N}$	$\mathbb{Z}$	$\mathbb{Q}$	$\mathbb{R}$
$-7 \in$	X	✓	✓	✓
$\sqrt{10} \in$	X	X	X	✓
$-0{,}04 \in$	X	X	✓	✓
$3,\dot{3} \in$	X	X	✓	✓
$\sqrt{36} \in$	✓	✓	✓	✓
$19 \in$	✓	✓	✓	✓

Lösung 3.4.02

a) **1** $\sqrt{5} = 2{,}236$ **2** $2{,}23 < \sqrt{5} < 2{,}24$
$\sqrt[3]{2} = 1{,}259\,9$ $1{,}25 < \sqrt[3]{2} < 1{,}26$
$2 \cdot \pi = 6{,}283$ $6{,}282 < 2 \cdot \pi < 6{,}284$

b) Ja die Aussage stimmt, weil das abgeschlossene Intervall zwischen 4 und 7 eine echte Teilmenge des offenen Intervalls zwischen 3 und 8 ist.

c) A: Richtig, weil die reellen Zahlen durch Vereinigung der Mengen der rationalen und der irrationalen Zahlen gebildet werden.
B: Falsch, weil π reell, aber nicht rational ist.

Lösung 3.4.03

A: Falsch, weil $\sqrt{4} = 2$ ist und somit rational.
B: Richtig, weil $\sqrt{2}$ eine irrationale Zahl ist und nicht als Bruch dargestellt werden kann.
C: Falsch, weil jede Zahl auf der Zahlengeraden dargestellt werden kann.
D: Richtig, weil dies für jede irrationale Zahl gilt.

Lösung 3.4.04

1

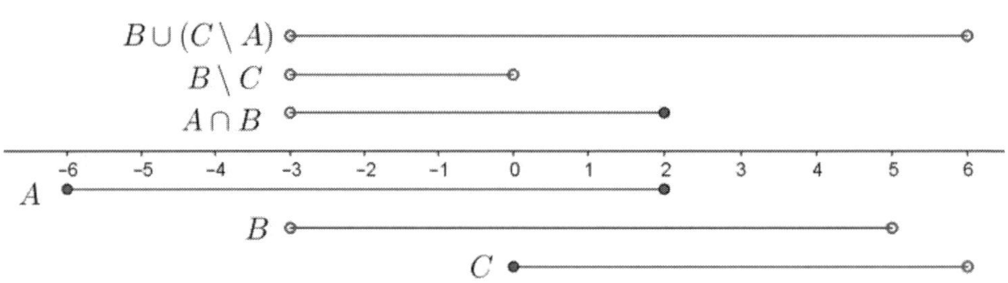

2 $A = [-6;2]$
$B =]-3;5[$
$C = [0;6[$
$A \cap B =]-3;2]$
$B \setminus C =]-3;0[$
$B \cup (C \setminus A) =]-3;6[$

Lösung 3.4.05

9:09 Uhr

Lösung 3.4.06

a) Falsch, weil $4 - 5 = -1$ und $5 - 4 = 1$ ist.

b) Richtig, weil $(a \cdot b) \cdot c = a \cdot (b \cdot c)$ ist.

c) Falsch, weil $a \cdot 0 = 0$ ist.

d) Richtig, weil $a \cdot \frac{1}{a} = 1$ für alle reellen Zahlen $(a \neq 0)$ gilt.

4 Potenzen und Wurzeln (Deskriptor 2.2)

4.1 Potenzen mit ganzzahligen Exponenten

Lösung 4.1.01

a) a^6

b) $a^2 \cdot b^2$

c) $c^3 \cdot b^3$

d) $x^9 \cdot y^3$

e) $\frac{m^3}{k^3}$

f) $a^{13} \cdot s^6$

g) $\frac{a}{x^3}$

h) $\frac{y^4 \cdot z^8}{x^2}$

i) $\frac{b}{8 \cdot a}$

Lösung 4.1.02

a) $\frac{2}{c^3 \cdot d^2}$

b) b^6

c) $\frac{1}{x^{11}}$

d) $\frac{x^4 \cdot z^4}{y^3}$

e) x

f) $\frac{x^2}{9}$

g) $\frac{1}{x^7 \cdot y^{11}}$

h) $(a + b)^5$

i) $\frac{z^6}{(x + y)^4}$

Lösung 4.1.03

a) $\frac{1}{a^4 \cdot b^{11}}$

b) $\frac{a \cdot x^5}{b^2}$

Lösung 4.1.04

a) $-\frac{a^3x^3y^6}{8}$

b) $2x^5$

c) $6 \cdot (x+y)^3$

d) a^{n+1}

e) a^{n+9}

f) 1

g) $-\frac{m^{10}}{k^7}$

h) −1

i) a^2

j) 1

Lösung 4.1.05

a) Falsch: $2\frac{1}{4}$

b) Falsch: $\frac{1}{a} + \frac{1}{b} = \frac{a+b}{a \cdot b}$

c) Falsch: −1

d) Richtig

e) Falsch: 8

Lösung 4.1.06

$T_1(a,b,c) = \frac{b^{15}}{a^{12} \cdot c^3}$

$T_2(a,b,c)$ ist falsch, da die Hochzahlen subtrahiert wurden.

$T_3(a,b,c)$ ist richtig, weil $(a^m)^n = a^{m \cdot n}$ und $a^{-m} = \frac{1}{a^m}$ gelten.

$T_4(a,b,c)$ ist falsch, da die Hochzahlen subtrahiert wurden.

$T_5(a,b,c)$ ist richtig, weil $b^{-5} = \frac{1}{b^5}$ gilt.

Lösung 4.1.07

a) $x^{-6} \cdot y^9 = \frac{y^9}{x^6}$

b) $\frac{16 \cdot z^2}{x^7 \cdot y^{15}}$

c) $-\frac{a^3 \cdot x^3 \cdot y^6}{8 \cdot b^9}$

d) $\frac{a^{12} \cdot b^2}{c^4}$

e) $\frac{a+b}{a \cdot b}$

f) $r \cdot s$

Lösung 4.1.08

A → 3 und B → 1

4.2 Potenzen mit rationalen Exponenten (Wurzeln)

Lösung 4.2.01

a) $a^{\frac{7}{6}} \cdot b^{\frac{4}{3}}$

b) $x^{-\frac{1}{6}} \cdot y^{\frac{2}{3}}$

c) $x^{\frac{3}{4}} \cdot y^{-\frac{11}{4}}$

d) $432^{\frac{1}{6}}$

e) $2 \cdot \left(1 + 2^{\frac{2}{3}} - 3^{\frac{1}{3}}\right)$

f) $21 \cdot \left(1 - 2^{\frac{3}{2}}\right)$

g) 13

h) $15a^2b^2$

i) $4a^2$

Lösung 4.2.02

$\sqrt[30]{2^{10}} = \sqrt[3]{2}$

Lösung 4.2.03

a) $\sqrt[12]{r^{15}} \cdot \sqrt[12]{r^9} = \sqrt[12]{r^{24}} = r^2$

b) $\left(\frac{\sqrt[4]{5}}{3^2}\right)^4 = \frac{5}{3^8}$

c) $\sqrt{5 \cdot \sqrt{5 \cdot \sqrt{5}}} = \sqrt{5 \cdot \sqrt{\sqrt{5 \cdot 5^2}}} = \sqrt{5 \cdot \sqrt[4]{5^3}} = \sqrt{\sqrt[4]{5^4 \cdot 5^3}} = \sqrt[8]{5^7}$

d) $\left(\sqrt[4]{b} \cdot \sqrt[3]{b^2}\right)^6 = \left(\sqrt[12]{b^3 \cdot b^8}\right)^6 = \sqrt{b^{11}} = b^5 \cdot \sqrt{b}$

e) $\sqrt[3]{x\sqrt{x}} : \sqrt{x\sqrt[3]{x}} = \frac{\left(x \cdot x^{\frac{1}{2}}\right)^{\frac{1}{3}}}{\left(x \cdot x^{\frac{1}{3}}\right)^{\frac{1}{2}}} = \frac{\left(x^{\frac{3}{2}}\right)^{\frac{1}{3}}}{\left(x^{\frac{4}{3}}\right)^{\frac{1}{2}}} = \frac{x^{\frac{1}{2}}}{x^{\frac{2}{3}}} = x^{\frac{1}{2}-\frac{2}{3}} = x^{-\frac{1}{6}} = \frac{1}{\sqrt[6]{x}}$

Lösung 4.2.04

Darstellung in Potenzschreibweise	Darstellung in Wurzelschreibweise
$5^{\frac{1}{2}}$	$\sqrt{5}$
$3^{\frac{2}{3}}$	$\sqrt[3]{9}$
$x^{\frac{3}{4}}$	$\sqrt[4]{x^3}$
$y^{-\frac{5}{7}}$	$\sqrt[7]{\frac{1}{y^5}}$

Lösung 4.2.05

a) Richtig, da man x^2 herausheben und dann partiell die Wurzel ziehen kann.

b) Falsch, da man die Wurzel aus der Summe nicht ziehen darf.

c) Richtig, da sich die Wurzel mit dem Quadrat aufhebt.

d) Falsch, da man die Wurzel aus der Differenz nicht ziehen darf.

e) Falsch, da man die Wurzel aus der Summe nicht ziehen darf.

Lösung 4.2.06

1. Schritt: $\frac{1}{2}$ ausmultiplizieren
2. Schritt: $\frac{1}{2}$ unter die Wurzel bringen → $\frac{1}{4}$
3. Schritt: Bruch trennen und kürzen

Lösung 4.2.07

Aussage 2 ist richtig.

4.3 Zehnerpotenzen und Gleitkommadarstellung (Deskriptoren 1.2, 1.3)

Lösung 4.3.01

a) 35 700
b) 197 700 000
c) 400 600
d) 0,069 89
e) 0,000 023 001
f) 0,000 000 008 43
g) 7 200 000 000 000
h) 53 146 000
i) 9 010
j) 0,000 004 062
k) 0,000 000 930 5
l) 0,000 6

Lösung 4.3.02

a) $6 \cdot 10^{5}$
b) $7{,}85 \cdot 10^{6}$
c) $3{,}789 \cdot 10^{0}$
d) $4{,}564 \cdot 10^{3}$
e) $7{,}6 \cdot 10^{-2}$
f) $2{,}9 \cdot 10^{-9}$
g) $6{,}531 \cdot 10^{-1}$
h) $5{,}6 \cdot 10^{-7}$
i) $1{,}905\,3 \cdot 10^{4}$
j) $5{,}9 \cdot 10^{10}$
k) $8{,}765\,432\,1 \cdot 10^{7}$
l) $5{,}674\,3 \cdot 10^{2}$
m) $8{,}55 \cdot 10^{-3}$
n) $7{,}1 \cdot 10^{-7}$
o) $1{,}02 \cdot 10^{-7}$
p) $9{,}342\,3 \cdot 10^{-2}$

Lösung 4.3.03

a) $3 \cdot 10^5$ km/s
b) $1{,}5 \cdot 10^8$ km
c) $1{,}37 \cdot 10^{10}$ Jahre
d) $1{,}083 \cdot 10^{21}$ m³
e) $9{,}11 \cdot 10^{-31}$ kg

Lösung 4.3.04

$x \cdot y = 20 \cdot 10^5 = 2 \cdot 10^6$
$\frac{x}{y} = 0{,}8 \cdot 10^{11} = 8 \cdot 10^{10}$

Lösung 4.3.05

384 400 km = 384 400 000 m = $3{,}84 \cdot 10^8$ m
363 300 km = 363 300 000 m = $3{,}63 \cdot 10^8$ m
405 500 km = 405 500 000 m = $4{,}055 \cdot 10^8$ m

Lösung 4.3.06

a) $10 \cdot 10^{-6}$ g = $1 \cdot 10^{-5}$ g = $1 \cdot 10^{-8}$ kg
b) $5 \cdot 10^{-3}$ g = $5 \cdot 10^{-6}$ kg
c) $5 \cdot 10^3$ kg

Lösung 4.3.07

$\frac{4 \cdot 10^{12}}{8 \cdot 10^9} \cdot 25 \approx 12\,500$ Jahre → 12 475 Jahre

Lösung 4.3.08

1 0,002 m/s

2 $t = \frac{s}{v} = \frac{7{,}2 \cdot 10^2}{7{,}2 \cdot 10^{-3}} = 10^5$ h

Lösung 4.3.09

Zuerst berechnet man die Anzahl der 500-Euro-Scheine mit $\frac{1{,}1 \cdot 10^8}{500}$ und dann multipliziert man das Ergebnis mit der Stärke der 500-Euro-Scheine (0,1 mm).

Lösung 4.3.10

a) 4 000
b) 325
c) 2 350
d) 500 000

Lösung 4.3.11

1 Leistung $= \frac{\text{Energie}}{\text{Zeit}} = \frac{1{,}2 \cdot 10^4}{4 \cdot 10^{-9}} = 3 \cdot 10^{12}$ Watt

2 $\frac{3 \cdot 10^{12}}{1\,100} = 2{,}7 \cdot 10^9$ Waschmaschinen

Lösung 4.3.12

1 Man berechnet aus dem Volumen des Wassers, mithilfe der Dichte, die Masse des Wassers in kg, und dividiert dann durch die Masse von einem Regentropfen und erhält somit die Anzahl der Regentropfen in der Regentonne.

2 10^7 Tropfen

Lösung 4.3.13

$\frac{2^{64} \cdot 25 \cdot 10^{-3}\,g}{25 \cdot 10^6\,g} \approx 1{,}84 \cdot 10^{10}$ Sattelzüge

Lösung 4.3.14

1 $1\,mm = 10^6\,nm$

2 Das menschliche Haar hat einen Durchmesser vom 70 000-fachen eines nm. Jetzt muss man nur noch in mm umwandeln.

Lösung 4.3.15

1 $\frac{17\,664}{0{,}19 \cdot 0{,}76} = 122\,327\,km^3$

2 $1{,}2 \cdot 10^5\,km^3$

3 $F_{Baikalksee} = 44 \cdot F_{Bodensee}$

4 $7 \cdot 10^9 \cdot 50 \cdot 365 \cdot 145 = 1{,}85 \cdot 10^{16}\,L = 1{,}85 \cdot 10^4\,km^3 > 18\,400\,km^3$

Die Aussage ist daher falsch.

5 $V_G = V_E + V$

$\frac{4}{3} \cdot (R + h)^3 \cdot \pi = V_E + V$

$h = \sqrt[3]{\frac{3 \cdot (V_E + V)}{4 \cdot \pi}} - R$

5 Terme und Variable (Deskriptor 2.1)

5.1 Addition und Subtraktion von Termen

Lösung 5.1.01

a) $6s + 9r$

b) $9g - 18{,}4h$

c) $-7l - 27k$

d) $20{,}7t + 1{,}9s - 0{,}8r$

e) $-6m - 11v$

f) $\frac{2x}{5}$

g) $\frac{31d}{30}$

h) $\frac{4s + 7}{5}$

i) $\frac{30a - b}{14}$

j) $\frac{24b + 11w}{3}$

k) $7x + 15y$

Lösung 5.1.02

$\text{Betrag} = \frac{107 - a}{3}$

Lösung 5.1.03

a) $\frac{39x}{56} - \frac{y^2}{5}$

b) $-\frac{7y}{6} - \frac{7x^2}{9}$

Lösung 5.1.04

$T_1(x) = \frac{7x^2}{6} - \frac{7x}{6}$

$T_2(x) = \frac{3x^2}{4} + \frac{5x}{8}$

$T_1(x) + T_2(x) = \frac{23x^2}{12} - \frac{13x}{24}$

$T_1(x) + T_2(x) = \frac{5x^2}{12} - \frac{43x}{24}$

5.2 Multiplikation von Termen

Lösung 5.2.1.01

a) $-128x^8$

b) $-\frac{3}{40}x^4y^2$

c) $\frac{49}{4}x^3y^4$

d) $\frac{83}{4}x^2y^2$

e) $\frac{19}{3}r^2s^3$

Lösung 5.2.1.02

$A = l \cdot (l-4)$

Lösung 5.2.2.01

a) $20x^2 - 7xy - 6y^2 - 28xz + 21yz$

b) $8s^3 - 16s^2t + 12st - 24t^2$

c) $-21{,}6f^2 + 10{,}8ef - 22{,}32fg - 27{,}9e^3f + 13{,}95e^4 - 28{,}83e^3g$

Lösung 5.2.2.02

a) $4x^2 - 20xy + 25y^2$

b) $16x^4 + 40x^2y + 25y^2$

c) $\frac{1}{8}b^3 - \frac{9}{16}b^2c + \frac{27}{32}bc^2 - \frac{27}{64}c^3$

d) $1{,}44a^6 - 1{,}92a^3b^2 + 0{,}64b^4$

e) $4r^2 - 9s^2$

f) $16r^4 + 40r^2s + 25s^2$

g) $81d^2 - 9f^2$

Lösung 5.2.2.03

1 $x, y \in \mathbb{N} \quad a, b \in \mathbb{R}^+$

2 $G = ax + by$

Lösung 5.2.2.04

$$A_J = \frac{ab+cb}{2}$$
$$A_T = ab - \frac{ab-cb}{2} = \frac{ab+cb}{2}$$
$$A_M = bc + \frac{ab-cb}{2} = \frac{ab+cb}{2}$$

Lösung 5.2.2.05

a) Anzahl der Sitzplätze in allen kleinen Booten.

b) Der Preis für vier kleine Boote.

c) Der Preis für einen Sitzplatz in einem großen Boot.

d) Die Anzahl der großen Boote ist viermal so groß wie die Anzahl der kleinen Boote.

e) Im kleinen Boot gibt es nur halb so viele Sitzplätze wie im großen Boot.

f) Der Preis für einen Sitzplatz in einem großen Boot.

Lösung 5.2.2.06

a) E ist der Preis für 5 Packungen Toilettenpapier.

b) Es stehen um 4 Packungen Küchenrollen mehr als Packungen Toilettenpapier im Regal.

c) E ist der Preis für eine Küchenrolle.

d) Eine Packung Küchenrolle kostet doppelt so viel wie eine Packung Toilettenpapier.

Lösung 5.2.2.07

$33 - 12 + 21 - 19 + 9 + 6 - 10 = 28$ Personen

5.3 Division von Termen

Lösung 5.3.1.01

a) $a \neq 0$ $\quad a$

b) $r, t \neq 0$ $\quad \frac{r}{3}$

c) $c, s \neq 0$ $\quad 2s$

Lösung 5.3.1.02

1 Für alle Terme gilt: $D = \mathbb{R} \setminus \{0\}$

2 $T_1(x) = \frac{x^2 - 1}{x}$

$T_2(x) = \frac{1 - x^2}{x}$

$T_3(x) = \frac{x^2 - 1}{x}$

$T_4(x) = \frac{x^2 - 1}{x}$

$T_5(x) = \frac{x^2 - 1}{x}$

$T_1(x) = T_3(x) = T_4(x) = T_5(x)$

Lösung 5.3.2.01

a) $\frac{13x^2 - 12y^2}{4xyz} + \frac{18x^2 - 16y^2}{4xyz} = \frac{31x^2 - 28y^2}{4xyz} \quad x, y, z \neq 0$

b) $\frac{x^2y + 3y^2z}{xyz} - \frac{2y^2z - 5x^2z}{xyz} - \frac{x^2y + 4x^2z}{xyz} = \frac{y^2z + x^2z}{xyz} = \frac{x^2 + y^2}{xy} \quad x, y, z \neq 0$

c) $\frac{18x^3 - 10x^2 + 4x + 16}{216x^4} - \frac{135x^2 - 81x^3 - 108x}{216x^4} - \frac{261x^3 - 19x^2 + 112x - 16}{216x^4} =$

$= \frac{-162x^3 - 126x^2 + 32}{216x^4} = \frac{-81x^3 - 63x^2 + 16}{108x^4} \quad x \neq 0$

5.4 Herausheben, Faktorisieren

Lösung 5.4.01

a) $7 \cdot (3x + 5y)$
b) $16ab \cdot (a + 3b)$
c) $5r \cdot (3s - 4)$
d) $(a - b) \cdot (m + n)$
e) $(x + y) \cdot (s - 1)$
f) $a \cdot (b + c) + b + c = (a + 1) \cdot (b + c)$
g) $(3 - a)^2$
h) $5 \cdot (2x - 3y)^2$
i) $(8x - 7y^2)^2$
j) $s \cdot (28r^2 + 20rs + 175s^2)$
k) $(8 - 5m) \cdot (8 + 5m)$
l) $12mn \cdot (m - 3n) \cdot (m + 3n)$

Lösung 5.4.02

a) **1** $T_1(x) = (x + 1) \cdot (x - 1)$
$T_2(x) = (x - 1)^2$
$T_3(x) = (x + 1)^2$
2 $\text{kgV}(T_1, T_2, T_3) = (x + 1)^2 \cdot (x - 1)^2$
$\text{ggT}(T_1, T_2, T_3) = 1$

b) **1** $T_1(x) = x$
$T_2(x,y) = x \cdot (x - y) \cdot (x + y)$
$T_3(x,y) = x - y$
2 $\text{kgV}(T_1, T_2, T_3) = x \cdot (x - y) \cdot (x + y)$
$\text{ggT}(T_1, T_2, T_3) = 1$

c) **1** $T_1(a) = a \cdot (4 - a)$
$T_2(a) = a^2 \cdot (2 + a)$
$T_3(a) = a^2$
2 $\text{kgV}(T_1, T_2, T_3) = a^2 \cdot (4 - a) \cdot (2 + a)$
$\text{ggT}(T_1, T_2, T_3) = a$

d) **1** $T_1(a,b) = (a + b)^2$
$T_2(a,b) = (a + b) \cdot (a - b)$
$T_3(a,b) = a + b$
2 $\text{kgV}(T_1, T_2, T_3) = (a + b)^2(a - b)$
$\text{ggT}(T_1, T_2, T_3) = a + b$

6 Lineare Gleichungen

6.1 Lineare Gleichungen in einer Variablen (Deskriptor 2.4)

Lösung 6.1.01

a) $L = \left\{\frac{12}{5}\right\}$

b) $L = \left\{\frac{13}{6}\right\}$

c) $L = \mathbb{R}$

d) $L = \left\{\frac{1}{3}\right\}$

e) $L = \{1\}$

f) $L = \{3\}$

g) $L = \left\{\frac{1}{2}\right\}$

Lösung 6.1.02

Lösungen	$\mathbb{N}$	$\mathbb{Z}$	$\mathbb{Q}$	$\mathbb{R}$
$u = -15$		✓	✓	✓
$c = \frac{5}{3}$			✓	✓
$b = \sqrt{-3}$				
$x = 18$	✓	✓	✓	✓
$L = \{\,\}$				

Lösung 6.1.03

1 $(3y + 16) + (y + 16) = 100$

2 $3y = 51$ Jahre … Vater

$y = 17$ Jahre … Tochter

Lösung 6.1.04

1 $((y - 22) + 4) \cdot 3 = y + 4$

2 $y - 22 = 7$ Jahre … Sohn

$y = 29$ Jahre … Vater

3 Vor 5 Jahren war der Vater 12-mal so alt wie der Sohn.

Lösung 6.1.05

1 $(x + x + 4) \cdot 2 + 10 = 90$

2 $x = 18$ … Frauen

$x + 4 = 22$ … Männer

$x + x + 4 + 10 = 50$ … Kinder

Lösung 6.1.06

1 $x + (133 - x) \cdot 2 + 8 = 167$

2 $x = 107$ … Einer

$133 - x = 26$ … Zweier

Lösung 6.1.07

1 $6x - 0{,}2 = 5x + 0{,}6$

2 $x = 0{,}8$ € $= 80$ Cent … Preis für ein Heft

$5x + 0{,}6 = 4{,}60$ € … Geldbetrag von Matthias

Lösung 6.1.08

1 $3x + (x + 4) \cdot 5 = 204$

2 $x = 23$ … Anzahl der 3er Bänke

$x + 4 = 27$ … Anzahl der 5er Bänke

Lösung 6.1.09

1 $\frac{x}{2} + \frac{x}{4} + \frac{x}{6} + 8\,000 = x$

2 $x = 96.000$ € … Höhe des Gewinnes

3 $\frac{x}{2} = 48.000$ € … Herbert

$\frac{x}{4} = 24.000$ € … Justine

$\frac{x}{6} = 16.000$ € … Karl

Lösung 6.1.10

1 $4 \cdot a - 4 \cdot b = 32 \rightarrow a = \frac{4 \cdot b + 32}{4}$

$a^2 - b^2 = 720 \rightarrow \left(\frac{4b + 32}{4}\right)^2 - b^2 = 720$

2 $a = 49$ cm

$b = 41$ cm

Lösung 6.1.11

1 $20 \cdot 0{,}65 + x \cdot 0{,}8 = (20 + x) \cdot 0{,}7$

2 $x = 10$ L

Lösung 6.1.12

1 $12 \cdot 0{,}4 = 15x$

2 $x = 0{,}32 = 32\,\%$

Lösung 6.1.13

1 $(N + 4\,000) \cdot 0{,}9 + N \cdot 0{,}75 = 16\,800$

2 $N = 8\,000$ Einwohner

$M = 12\,000$ Einwohner

Lösung 6.1.14

a) $N = \frac{B}{1{,}2}$

b) $B = 1{,}14 \cdot N$

$(x \cdot N) \cdot 1{,}14 = x \cdot (N \cdot 1{,}14) = x \cdot B$

c) $(N + y) \cdot 1{,}1 = 1{,}1 \cdot N + 1{,}1 \cdot y = B + 1{,}1 \cdot y \neq B + y$

Lösung 6.1.15

$E = r \cdot (e_1 + 0{,}55 \cdot e_2) + \frac{r}{2} \cdot (k_1 + 0{,}55 \cdot k_2)$

Lösung 6.1.16

$G = x \cdot m + y \cdot n$

Lösung 6.1.17

1 $50 = 1\,250 \cdot i$

2 $i = 0{,}04 = 4\,\%$

Lösung 6.1.18

a) Ja, sie haben der Länge nach Platz. Die erforderliche Höhe der Ladefläche müsste mindestens 30 cm sein.
b) Der Fahrer muss mit einer Strafe rechnen da:
$m_{\text{Brett}} = 0{,}5 \cdot 40 \cdot 1 \cdot 0{,}2 = 4\text{ kg}$
$m_{\text{gesamt}} = 4 \cdot 330 = 1\,320\text{ kg} > 1\,300\text{ kg}$

6.2 Bearbeiten von Formeln (Deskriptoren 2.5, 2.6)

Lösung 6.2.01

$$\frac{84^2}{1^2} = \frac{x^3}{(1{,}496 \cdot 10^8)^3}$$

$x = 2{,}869 \cdot 10^9\text{ km}$

Lösung 6.2.02

$$a = \frac{2A}{h} - c = \frac{2A - c \cdot h}{h}$$

Lösung 6.2.03

1. Schritt: mit $(d - c)$ multiplizieren
2. Schritt: linke Seite der Gleichung ausmultiplizieren
3. Schritt: mit $b \cdot c$ addieren
4. Schritt: c auf der rechten Seite herausheben
5. Schritt: durch die herausgehobene Klammer dividieren

Lösung 6.2.04

1 $s, r, c \in \mathbb{R},\ x \in \mathbb{R} \setminus \{0\}$

2 $x = \frac{r}{s - c}$

Lösung 6.2.05

$$C = \frac{5}{9} \cdot (F - 32)$$

Lösung 6.2.06

$$r = \frac{P_1 - P_2}{P_1}$$

Lösung 6.2.07

1 Würfel: $a = 1$ dm

Zylinder: $h = 1{,}08$ dm, $r = 0{,}54$ dm

Tetraeder: $a = 2{,}04$ dm

2 $O_{\text{Würfel}} = 6a^2 = 6\text{ dm}^2$

$O_{\text{Zylinder}} = 2r^2\pi + 2r\pi h = 6r^2\pi = 5{,}54\text{ dm}^2$

$O_{\text{Tetraeder}} = a^2\sqrt{3} = 7{,}21\text{ dm}^2$

3 $O_{\text{Zylinder}} < O_{\text{Würfel}} < O_{\text{Tetraeder}}$

Lösung 6.2.08

$\lambda = \frac{c}{f} = \frac{3 \cdot 10^8}{99{,}9 \cdot 10^6} = 3{,}00$ m

Lösung 6.2.09

1 $P = 0{,}46$ m

2 Zuerst berechnet man aus der Beziehung $\frac{n}{P} = 140$ die Anzahl der Schritte n pro Minute. Dann wird $n \cdot P$ ermittelt und die Einheitenumwandlung erfolgt durch die Multiplikation mit $\frac{60}{1\,000}$.

Lösung 6.2.10

$a_2 = 1{,}2$ m

6.3 Prozent- und Promillerechnung (Deskriptor 1.5)

Lösung 6.3.01

1 $G = 49{,}90 \cdot 0{,}8 + 2 \cdot 15{,}90 \cdot 0{,}75 + 44{,}90 \cdot 0{,}7$

2 $G = 95{,}20$ €

3 $P = 126{,}60$ €

$p = \frac{G - P}{P} = -24{,}80\%$

Lösung 6.3.02

a) $N = \frac{B}{1{,}14}$

b) Die Behauptung ist richtig, weil:

$(a \cdot N) \cdot 1{,}2 = a \cdot (1{,}2 \cdot N) = a \cdot B$

c) Man berechnet aus dem Skonto (5 %) den Verminderungsfaktor mit $1 - 0{,}05 = 0{,}95$. Man multipliziert b mit 0,95 und erhält P.

d) $B = \frac{1\,360\,000}{0{,}89 \cdot 1{,}17 \cdot 0{,}97} = 1\,346\,453{,}33 = 1{,}35 \cdot 10^6$ €

Lösung 6.3.03

1 40 % Rabatt bedeutet, dass man nur 60 % für die Maschine bezahlt hat. Man dividiert den bezahlten Betrag durch 0,6.

2 $P = \frac{69\,000}{0{,}6} = 115.000$ €

Lösung 6.3.04

$N = \frac{349}{1{,}2} = 290{,}83$ €

$USt = B - N = 0{,}2 \cdot N = 58{,}17$ €

Lösung 6.3.05

1 $(150 + x) \cdot 0{,}6 = 150 \cdot 0{,}84$

2 $x = 60$ Liter Wasser

Lösung 6.3.06

$P_2 = P_1 \cdot 1{,}12$

Lösung 6.3.07

1 $x + \frac{x}{1{,}3} + x \cdot 0{,}7 = 11\,234$

2 $x = 4.549{,}60$ € … Gewinn von Anna

Lösung 6.3.08

$x = 6\,450 \cdot 0{,}8 \cdot 0{,}68 = 3\,508{,}8$ L

Lösung 6.3.09

1 Weil es im 4. Quartal 2016 mehr Beschäftigte gab. Somit gab es mehr Arbeitslose, obwohl der Prozentsatz niedriger war.

2 $p = \frac{252{,}1 - 252{,}6}{252{,}6} = -0{,}20\,\%$ Die Zahl der Arbeitslosen ist im 4. Quartal 2016 um ca. 0,20 % gesunken.

3 110 600 Frauen entsprechen 5,3 %. Daher muss man die Anzahl der arbeitslosen Frauen durch 0,053 dividieren.

Lösung 6.3.10

Lenovo	**1** 14 574 619	**2** 21,43 %
HP	**1** 13 977 011	**2** 21,78 %
Acer	**1** 4 608 742	**2** 6,45 %
Dell	**1** 10 194 779	**2** 15,15 %
Andere Hersteller	**1** 26 153 504	**2** 35,19 %
Gesamt	**1** 69 508 655	

Lösung 6.3.11

1 2014: BIP = 334,977 Mrd. €
2016: BIP = 344,682 Mrd. €

2 2012: BIP = 7,007 Mrd. €
2015: BIP = 3,447 Mrd. €

Lösung 6.3.12

1 $A = x \cdot 0{,}67 \cdot 0{,}104 + x \cdot 0{,}33 \cdot 0{,}061 = 0{,}089\,81 \cdot x$

2 $A = 0{,}089\,81 \cdot 420 = 37{,}72 \approx 38$ Diabetiker

6.4 Verhältnisse, Proportionen

Lösung 6.4.1.01

1 Es besteht eine direkte Proportionalität, da 1m a € kostet und 2 m $2a$ € usw.

2 $K_4 = 4a$

$K_5 = 5a$

$K_x = x \cdot a$

Lösung 6.4.1.02

1 B und D stellen eine direkte Proportionalität dar, weil der doppelte x-Wert auch den doppelten y-Wert ergibt.

2 B: $y = \frac{5}{4} \cdot x$

D: $y = \frac{3}{4} \cdot x$

Bei A ist $y(0) \neq 0$, somit kann keine direkte Proportionalität bestehen.

Bei C müsste $y(4) = 6$ sein.

Lösung 6.4.1.03

1 $B = 4{,}2 \cdot x$

2 Wenn der Wechselkurs niedriger wird, ist das für Mei-Ling von Vorteil, weil sie beim Retourwechseln mehr SGD bekommt.

Lösung 6.4.1.04

1 Tabelle:

x in min	1	2	3	4	t
y in Liter	0,5	1	1,5	2	$0{,}5 \cdot t$

2 Das Volumen verdoppelt sich, wenn sich die Zeit verdoppelt.

$y_1 = 0{,}5 \cdot t_1$

$y_2 = 0{,}5 \cdot (2 \cdot t_1) = t_1 = 2 \cdot y_1$

Lösung 6.4.2.01

1 Je mehr Pumpen man einsetzt, desto weniger Zeit wird benötigt.

2 $\frac{2}{x} = \frac{3}{24} \rightarrow x = 16$ Stunden

Lösung 6.4.2.02

1 Indirekte Proportionalität, da $s = v \cdot t$ und wenn v größer wird, wird t kleiner.

2 $t = \frac{s}{v} = \frac{150}{80} = 1$ h 52 min 30 s

Lösung 6.4.2.03

1 Indirekte Proportionalität, da weniger Reisegäste mehr bezahlen müssen.

2 $\frac{50}{x} = \frac{45}{18} \rightarrow x = 20$ €

Lösung 6.4.2.04

a) **1** Direkt, **2** wenn $v = $ konstant, da $s = v \cdot t$ ist, sonst keine Zuordnungsform.

b) **1** Indirekt, **2** da $v = \frac{s}{t}$ ist.

c) **1** Direkt, **2** denn wenn man weiter fährt, benötigt man mehr Benzin.

d) **1** keine Zuordnung

e) **1** Indirekt, **2** da je größer die Schrittlänge ist umso kleiner die Anzahl der Schritte ist.

f) **1** keine Zuordnung

g) **1** Direkt, **2** da $t = \frac{s}{v}$ ist und $v = $ konstant ist.

7 Relationen, Funktionen

7.2 Funktionen (Deskriptor 3.1)

Lösung 7.2.01

1 $R = \{(-3|-100), (2|-100), (2|4), (8|-100), (8|4), (91|-100),$
$(91|4), (91|21), (91|78)\}$

2 R ist keine Funktion, da einem x-Wert mehrere y-Werte zugeordnet werden.

3 $R^{-1} = \{(-100|-3), (-100|2), (4|2), (-100|8), (4|8), (-100|91),$
$(4{,}91), (21|91), (78|91)\}$

$D = \{-100, 4, 21, 78\}$

$W = \{-3, 2, 8, 91\}$

$y > x - 4$

4 R^{-1} ist keine Funktion, da einem x-Wert mehrere y-Werte zugeordnet werden.

Lösung 7.2.02

1 $f(-1) = -4$; $x_1 = 0$, $x_2 = 1$, $x_3 = 2$; $f(2) = 2$; $x = 2{,}5$;
$D = [-1;2{,}6]$; $W = [-4;4{,}5]$

2 $[-1;0{,}4[$ und $]1{,}6;2{,}6]$

3 Die Behauptung ist richtig, da 4,5 der größte Wert der Wertemenge ist.

4 $X = (-0{,}5|0)$, $Y = (0|2)$

Lösung 7.2.03

1 f_1: Funktion
2 Jeder x-Stelle wird genau ein y-Wert zugeordnet.
3 $D = \mathbb{R}$, $W = \mathbb{R}$, streng monoton steigend
4 $N = (-1{,}9|0)$, $Y = (0|2{,}8)$
1 f_2: Funktion
2 Jeder x-Stelle wird genau ein y-Wert zugeordnet.
3 $D = \mathbb{R}$, $W = \{4\}$, keine Monotonie
4 $Y = (0|4)$
1 f_3: Relation
2 Da z.B. der x-Stelle 0 zwei y-Werte zugeordnet werden.
3 $D = [-5;5]$, $W = [-3;3]$
4 $N_1 = (-5|0)$, $N_2 = (5|0)$, $Y_1 = (0|-3)$, $Y_2 = (0|3)$
1 f_4: Funktion
2 Jeder x-Stelle wird genau ein y-Wert zugeordnet.
3 $D = \mathbb{R}$, $W = \mathbb{R}_0^+$, $\mathbb{R}^-$: streng monoton fallend, $\mathbb{R}^+$: streng monoton steigend
4 $N = Y = (0|0)$
1 f_5: Funktion
2 Jeder x-Stelle wird genau ein y-Wert zugeordnet.
3 $D = \mathbb{R}$, $W =]-\infty\ ;5]$, $\mathbb{R}^-$: streng monoton steigend, $\mathbb{R}^+$: streng monoton fallend
4 $N_1 = (-3{,}2|0)$, $N_2 = (3{,}2|0)$, $Y = (0|5)$

Lösung 7.2.03

1 f_6: Relation

2 Da z. B. der x-Stelle 0,8 zwei y-Werte zugeordnet werden.

3 $D = [-2;3]$, $W = [-1{,}5;6]$

4 $N = (0{,}4|0)$, $Y = (0|1)$

Lösung 7.2.04

1 Graphen:

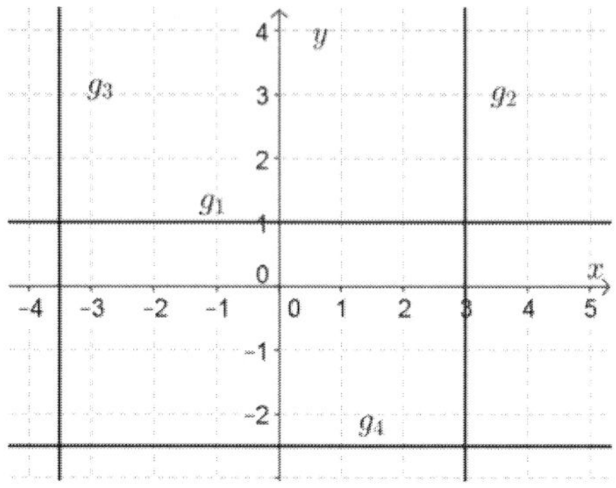

2 g_1, g_4: Funktionen, da jedem x-Wert genau ein y-Wert zugeordnet wird.
g_2, g_3: Relationen, da einem x-Wert mehrere y-Werte zugeordnet werden.

Lösung 7.2.05

1 Grafik:

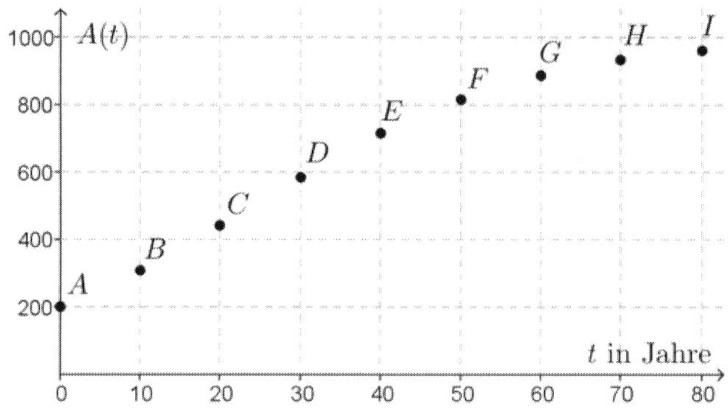

2 ΔA (absolut)	108	133	143	130	102	71	46	28
3 ΔA (in %)	54,00	43,18	32,43	22,26	14,29	8,70	5,19	3,00

4 Zunahme nimmt nach ca. 30 Jahren ab. Schätzwert liegt bei ca. 600 Elefanten.

Lösung 7.2.06

1 $V = K \cdot \frac{1}{p} = \frac{200}{p}$

2

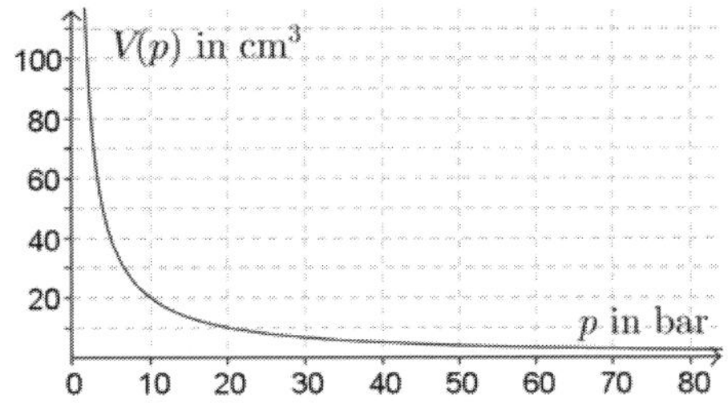

3 Der Ausdruck beschreibt das Volumen des idealen Gases bei einem Druck von 1,5 bar.

4 $V(1{,}5) \approx 133{,}33\ \text{cm}^3$

5 Mithilfe der Gleichung kann man den Druck bei einem Volumen von $50\ \text{cm}^3$ berechnen.

6 $p = 4$ bar

Lösung 7.2.07

1 2,6 km

2 1,3 km

3 B, weil der Graph in diesem Intervall monoton steigend ist, und somit nimmt die Geschwindigkeit zu.

4 B

5 Weil es 3 Kurven sein müssen und weil die Startlinie ca. in der Mitte zwischen Kurve 1 und 3 sein muss.

Lösung 7.2.08

1 $T_F = (T_C + 40) \cdot 1{,}8 - 40$

2 Aus dem Graphen kann man $d \approx -18$ und $k = \frac{60}{140 - 32} = \frac{5}{9}$ ablesen.

3 $T_F = T_C = -40\ °\text{C} = -40\ °\text{F}$

Lösung 7.2.09

1 Diagramm:

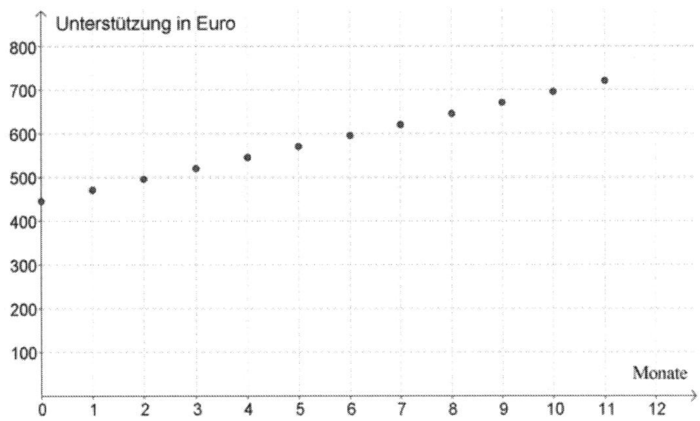

2 $y(11) = 720\ €$

Lösung 7.2.10

1 70 km/h

2 7 L/100km

3 Ja, weil jeder Geschwindigkeit ein Kraftstoffverbrauch zugeordnet wird.

4 $KV(60)$ gibt den Kraftstoffverbrauch pro 100 km bei einer Geschwindigkeit von 60 km/h an.

Mit $KV(100) - KV(90)$ wird der Unterschied des Kraftstoffverbrauchs pro 100 km zwischen der Geschwindigkeit von 90 km/h und 100 km/h angegeben.

Mit $KV(75) < KV(100)$ wird beschrieben, dass der Kraftstoffverbrauch pro 100 km bei einer Geschwindigkeit von 75 km/h geringer ist als bei einer Geschwindigkeit von 100 km/h.

Mit der Gleichung $KV(v) = 8$ kann man berechnen, bei welcher Geschwindigkeit (in km/h) der Kraftstoffverbrauch 8 Liter pro 100 km beträgt.

Lösung 7.2.11

1 Grafik:

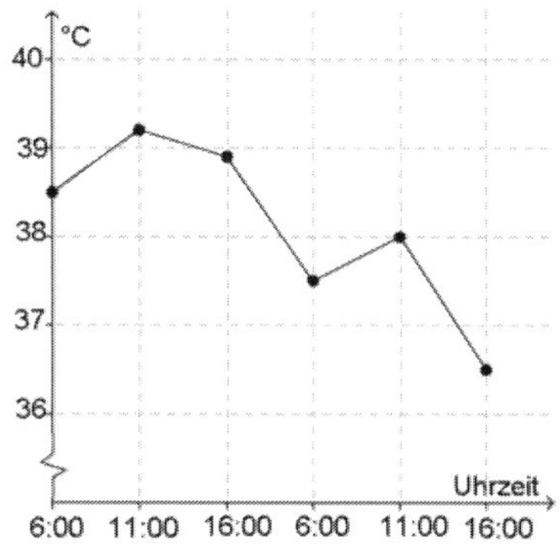

2 Die abgelesene Temperatur um 14:00 Uhr beträgt ca. 37 °C.

Lösung 7.2.12

Graph B ist richtig.

7.3 Lineare Funktionen (Deskriptor 3.2)

Lösung 7.3.01

1 $f(x) = -2 \cdot x + 1$

2 Graph:

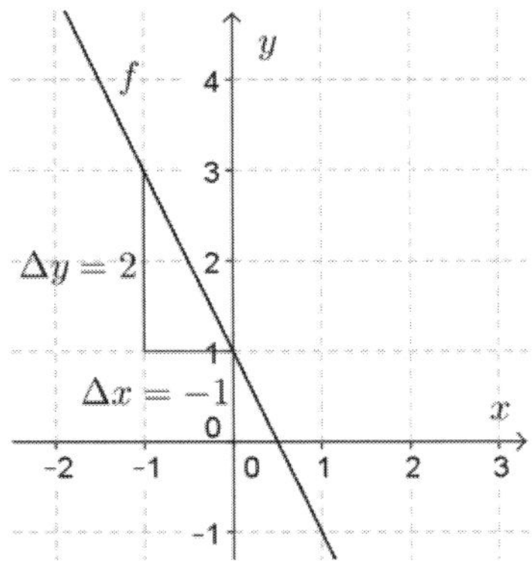

3 $Y = (0|1)$ $N = (0{,}5|0)$

4 $x = 0: y = -2 \cdot 0 + 1 = 1$ $y = 0: 0 = -2x + 1 \rightarrow x = 0{,}5$

Lösung 7.3.02

1 $y = -\frac{5}{2} \cdot x + 4$

2 Graph:

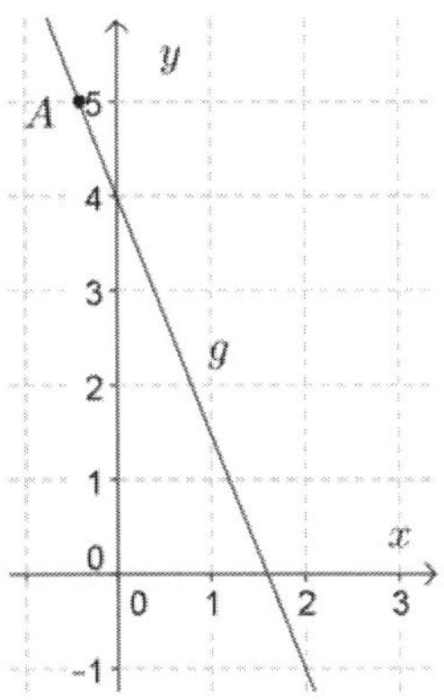

Ablesen: $g(x) = 5 \rightarrow x = -0{,}4$

3 $-\frac{5}{2} \cdot x + 4 = 0 \rightarrow x = \frac{8}{5} = 1{,}6$

Lösung 7.3.03

1 $y = x + 4$

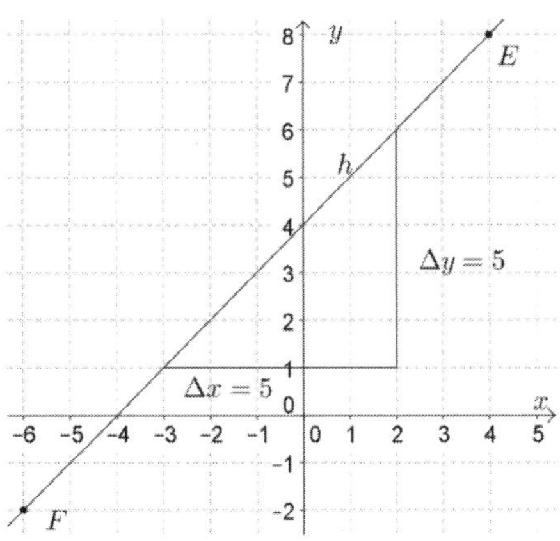

$k = \frac{5}{5} = 1$

Lösung 7.3.03

2 graphisch: ja

rechnerisch: nein, da $h(3{,}99) = 7{,}99 \neq 8$

3 $-2 = x + 4 \rightarrow x = -6$

4 $F = (-6 \mid -2)$

Lösung 7.3.04

a) Richtig

b) Wenn $d < 0$, dann geht der Graph durch den 4. Quadranten.

c) Der Graph verläuft nur durch 1. und 2. Quadranten.

d) Wenn $d < 0$, dann geht der Graph durch den 4. Quadranten.

e) Wenn $k < 0$, dann geht der Graph durch den 4. Quadranten.

f) Wenn $d < 0$, dann geht der Graph durch den 4. Quadranten.

Lösung 7.3.05

1 $K(x) = 12 \cdot x + 75\,000$

2 $123\,000 = 12 \cdot x + 75\,000 \rightarrow x = 4\,000$ Stück

3 $\overline{K}(x) = 12 + \frac{75\,000}{x}$

4 $55 = 12 + \frac{75\,000}{x} \rightarrow x \approx 1\,744{,}19 = 1\,744$ Stück

Lösung 7.3.06

1 $K(x) = k \cdot x + 100\,000$

2 $\overline{K}(200\,000) = k + \frac{100\,000}{200\,000} = 1{,}3 \rightarrow k = 0{,}8$ €/Stück (Kosten pro Stück)

3 $K(x) = 0{,}8 \cdot x + 100\,000$

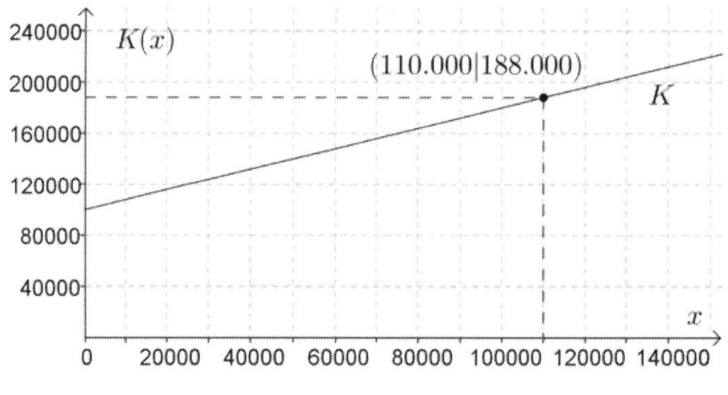

$K(110\,000) = 188.000$ €

Lösung 7.3.07

1 $k = \frac{1\,147 - 741}{92 - 33} = 6{,}88$

$1\,147 = k \cdot 92 + d \rightarrow d = 513{,}92$

$K(x) = 6{,}88 \cdot x + 513{,}92$

2 Fixkosten: 513,92 GE

Kosten pro Mengeneinheit: 6,88 €/ME

3 $K(1\,500) \approx 10.835{,}95$ € < 16.000 € $\rightarrow$ Es wird weniger benötigt.

Lösung 7.3.08

1 Graph:

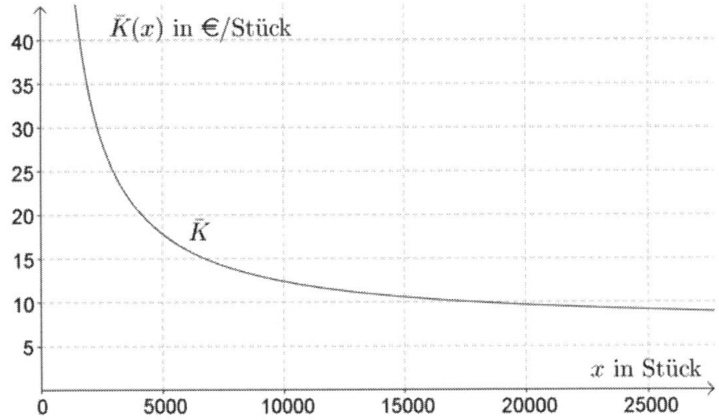

2 $11{,}5 = 7 + \frac{54\,000}{x} \rightarrow x = 12\,000$ Stück

3 $28\,000 = p \cdot 12\,000 - K(12\,000) \rightarrow p = 13{,}83$ €

Lösung 7.3.09

1 $y_A = 1{,}33 \cdot x + 54$

$y_B = 0{,}89 \cdot x + 76$

2 Graphen:

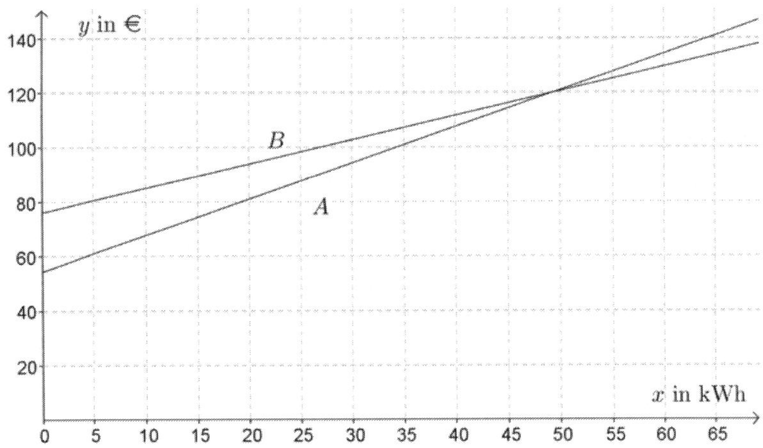

3 Tabelle:

kWh	20	45	50	65	80	100
y_A in €	80,6	113,85	120,5	140,45	160,4	187
y_B in €	93,8	116,05	120,5	133,85	147,2	165

4 x beschreibt die verbrauchten kWh.

y beschreibt die Höhe der Gebühren in €.

Lösung 7.3.10

1 $V = a \cdot b \cdot c = 21 \cdot 7 \cdot 3 = 441$ L

2 $V = G_1 \cdot h = G_2 \cdot h$

Gleich große Grundfläche und gleiche Höhe bedeutet gleiches Volumen.

3 $r^2 \pi = a^2 \rightarrow r = \frac{a}{\sqrt{\pi}}$

4 Im Hochbeet steigt die Temperatur mit der Tiefe linear an.

Im Erdboden sinkt die Temperatur mit der Tiefe zuerst, steigt anschließend bis 9 °C und bleibt dann konstant.

5 $y = -2{,}5 \cdot x + 12 \quad 0 \leq x < 2$

$y = 0{,}5 \cdot x + 6 \quad 2 \leq x < 6$

$y = 9 \quad x \geq 6$

Lösung 7.3.11

$P(x) = 0{,}149\,88 \cdot x + 6{,}20$

Lösung 7.3.12

1 Das Auto ist genau an der Wasseroberfläche.

2 $h(x) = \frac{4}{7} \cdot x - 20$

Lösung 7.3.13

a) **1** $k = \frac{900}{90\,000} = \frac{1}{100} \rightarrow d = 25\,130$

$K(x) = \frac{1}{100} \cdot x + 25\,130$

2 Graph:

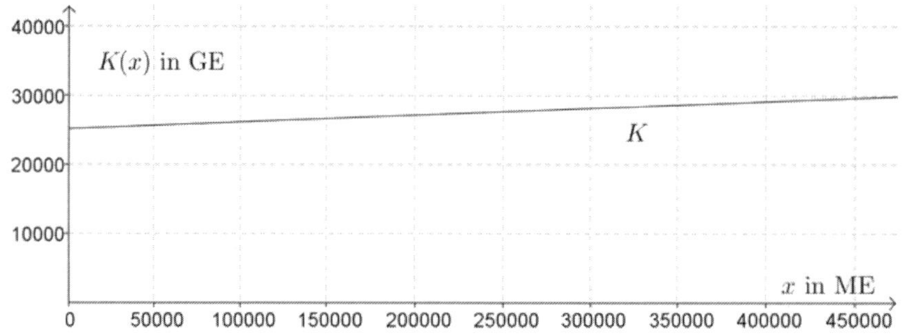

b) $p(2\,500) = 0$

$p(0) = 7$

$p(x) = -\frac{7}{2\,500} \cdot x + 7$

Lösung 7.3.13

c) **1** $E(x) = p(x) \cdot x = -0{,}000\,2 \cdot x^2 + 5 \cdot x$

2 Graph:

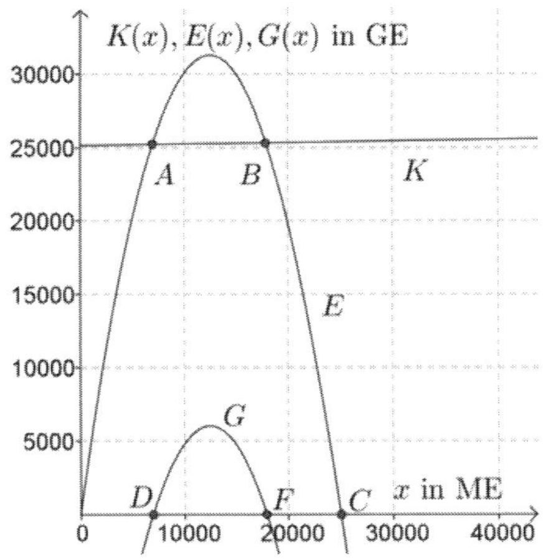

3 Bei den Schnittpunkten A und B ist jeweils der Erlös gleich den Kosten, d.h. der Gewinn ist null.

4 Schnittpunkte mit der x-Achse: $x_1 = 0$ ME, $x_2 = 25\,000$ ME

5 $G(x) = -0{,}000\,2 \cdot x^2 + 4{,}99 \cdot x - 25\,130$

6 siehe **2**

7 Verlustbereich: $[0\,;7\,000[$ und $]17\,950;\infty[$

8 In diesem Bereich sind die Kosten höher als der Erlös.

Lösung 7.3.14

1 Tabelle:

	Fahrzeit
Zürich – Bregenz	1 h
Bregenz – Innsbruck	2 h 30 min

$v = \frac{\Delta s}{\Delta t} = \frac{200}{2{,}5} = 80$ km/h

2 Ja, ist möglich, da der Zug erst um 18:10 abfährt.

Lösung 7.3.15

1 Graphen:

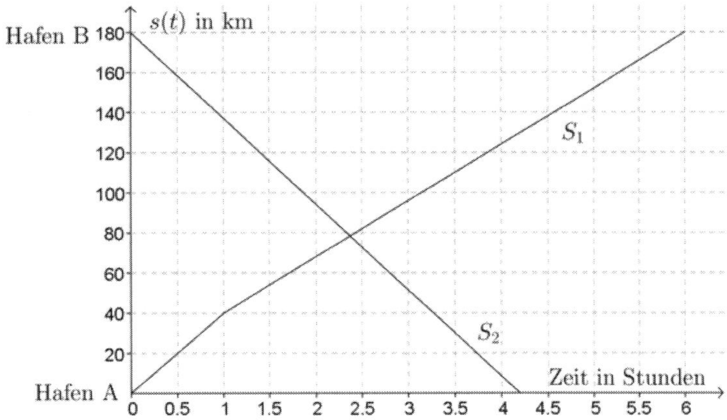

Lösung 7.3.15

2 $s_{1(t)} = \begin{cases} 40 \cdot t & 0 \leq t < 1 \\ 28 \cdot t + 12 & 1 \leq t \leq 6 \end{cases}$

$s_{2(t)} = 180 - \frac{180}{4{,}2} \cdot t = 180 - 42{,}86 \cdot t$ mit $0 \leq t \leq 4{,}2$

3 Die x-Koordinate des Schnittpunktes gibt jenen Zeitpunkt an, zu dem beide Schiffe aneinander vorbeifahren. Die y-Koordinate gibt die Entfernung vom Hafen A an.

7.4 Potenzfunktionen (Deskriptor 3.3)

Lösung 7.4.01

1 Tabelle:

x	0	1	2	3	4	5	6	7	8
$F(x)$	0	0,25	1	2,25	4	6,25	9	12,25	16

2 $F(x) = \frac{x^2}{4}$

3 Graph:

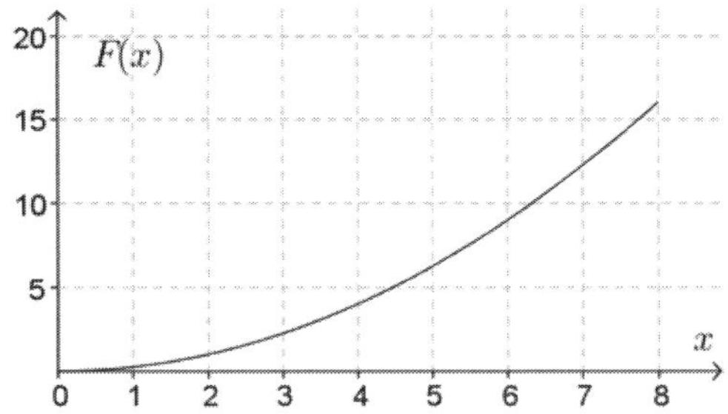

Lösung 7.4.02

1 $f_1 \to h_3(x)$, $f_2 \to h_1(x)$, $f_3 \to h_2(x)$, $f_4(x) \to h_4(x)$

f_1: symmetrisch zur y-Achse und die Wertemenge ist positiv, da $m > 0$ ist.

f_2: symmetrisch zum Ursprung und die Wertemenge ist positiv wenn x positiv ist, da $m > 0$ ist.

f_3: symmetrisch zum Ursprung und die Wertemenge ist positiv wenn x negativ ist, da $m < 0$ ist.

f_4: symmetrisch zur y-Achse und die Wertemenge ist negativ, da $m < 0$ ist.

2 Eigenschaften:

a) f_1, f_4 b) f_2, f_3 c) f_1, f_4 d) f_2, f_3

e) f_1, f_2 f) f_3, f_4 g) f_1, f_3 h) f_2, f_4

Lösung 7.4.03

1 Graphen:

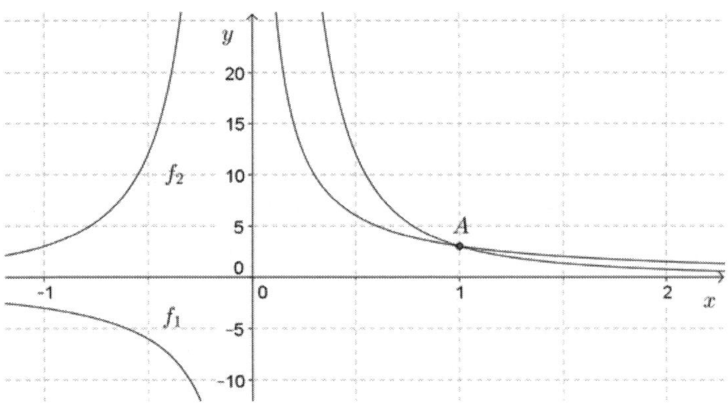

2 $A = (1|m)$, hier mit $m = 3$

3 Die Behauptung ist richtig, da f_1 eine ungerade und f_2 eine gerade Funktion ist.

Lösung 7.4.04

1 Graphen:

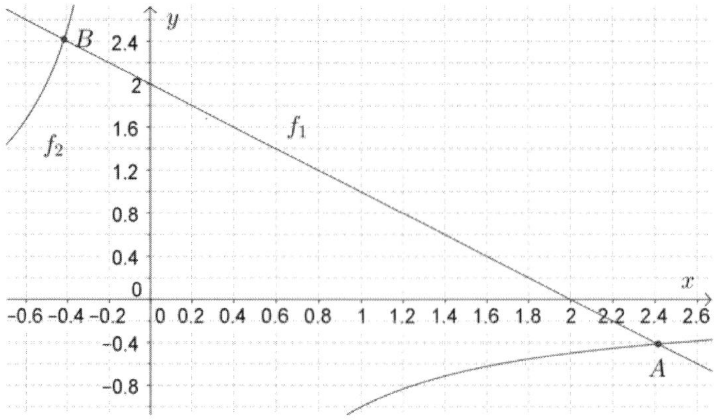

2 $A = (2{,}41|-0{,}41)$, $B = (-0{,}41|2{,}41)$

3 f_1 ist streng monoton fallend, da k negativ ist.
f_2 ist streng monoton steigend für $x \neq 0$.

4 f_1: $D = \mathbb{R}$, $W = \mathbb{R}$
f_2: $D = \mathbb{R} \setminus \{0\}$, $W = \mathbb{R} \setminus \{0\}$

Lösung 7.4.05

1 Graphen:

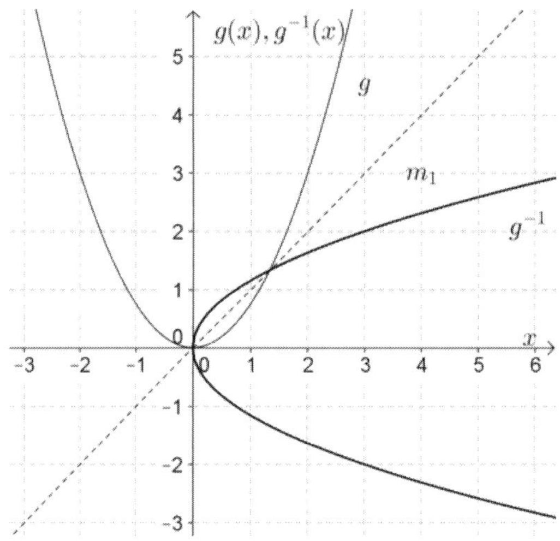

2 Die Spiegelung des Graphen ist keine Funktion, da bei $x = 1$ zwei y-Werte existieren.

3 Man vertauscht die x-Stellen mit den y-Werten.

4 Die absolute Änderung beträgt: $g(2) - g(0) = 3 - 0 = 3$

Lösung 7.4.06

1 punktsymmetrisch

2

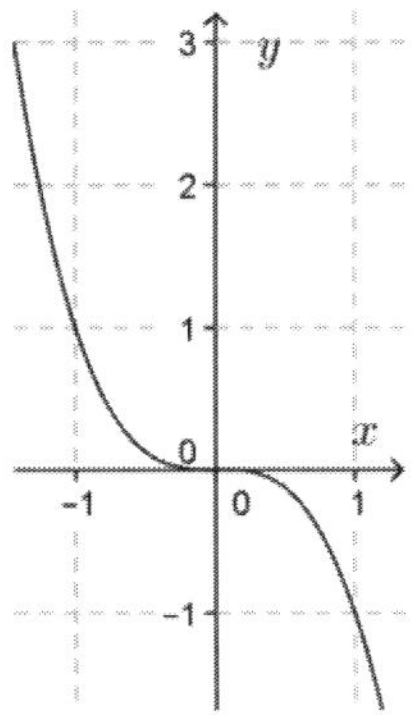

3 achsensymmetrisch

4

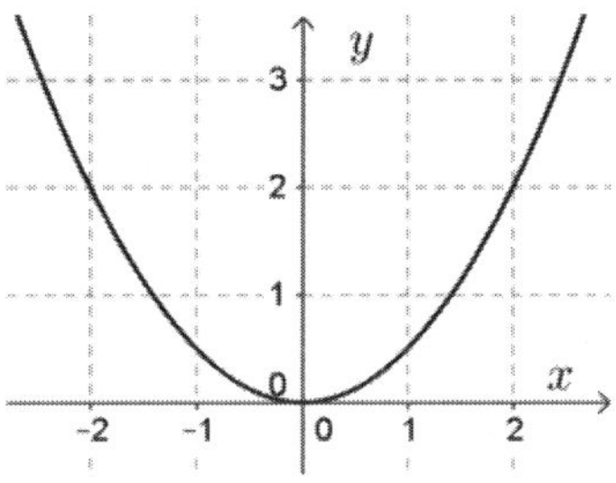

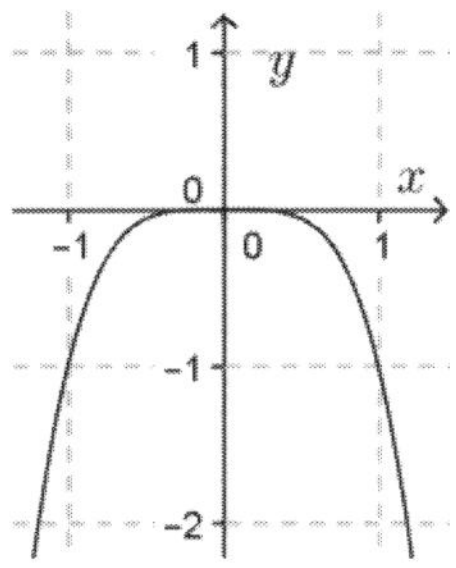

5 Die 2. und 3. Aussage ist richtig.

6

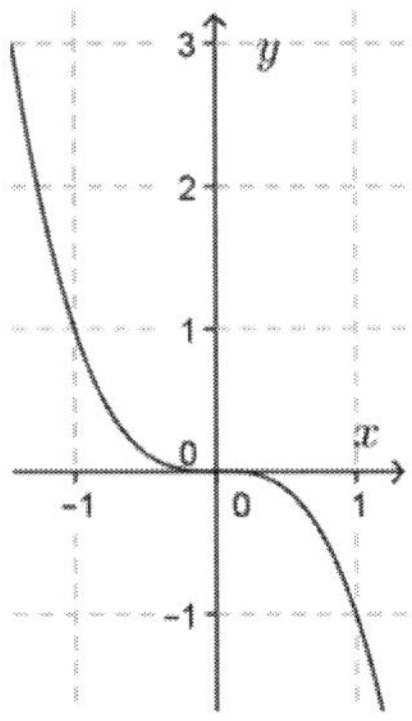

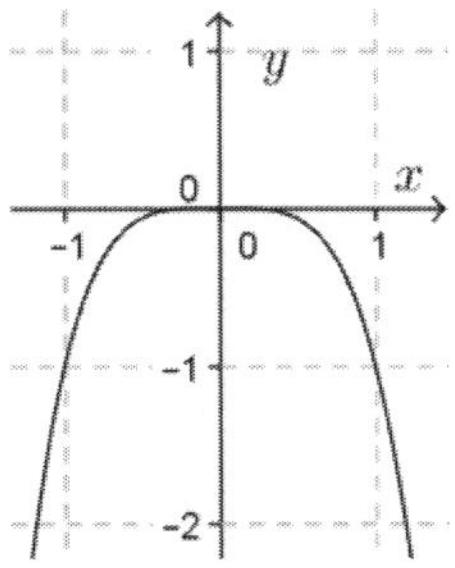

Lösung 7.4.07

Aussage 4 ist richtig.

8 Lineare Gleichungssysteme

8.1 Lineare Gleichungssysteme in zwei Variablen (Deskriptor 2.7)

Lösung 8.1.01

1 Zuerst multipliziert man die Gleichung I mit 3 und die Gleichung II mit 7. Dann werden die 2 Gleichungen subtrahiert. Man erhält eine Gleichung, aus der man y ausrechnen kann. x erhält man durch Einsetzen in eine beliebige Gleichung.

2 Grafische Lösung:

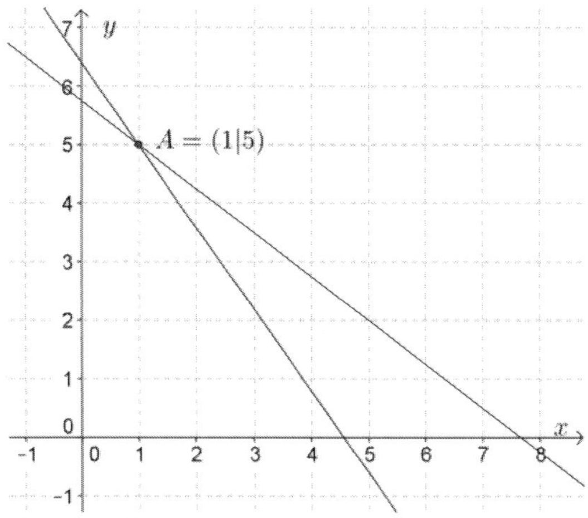

3 $rref\begin{pmatrix} 7 & 5 & 32 \\ 3 & 4 & 23 \end{pmatrix} = \begin{pmatrix} 1 & 0 & 1 \\ 0 & 1 & 5 \end{pmatrix} \rightarrow x = 1, y = 5$

4 I: $7 \cdot 1 + 5 \cdot 5 = 32$ richtig

II: $3 \cdot 1 + 4 \cdot 5 = 23$ richtig

Lösung 8.1.02

1 Man formt jede Gleichung auf die gleiche Unbekannte um und setzt dann jeweils die rechte Seite gleich. Man erhält eine Gleichung mit einer Unbekannten, die man ausrechnen kann. Die zweite Unbekannte erhalte ich durch Einsetzen in eine beliebige Gleichung.

2 Berechnung: $e = -3, f = 2 \rightarrow \mathrm{L} = \{\}$, weil $f \neq \{2; 4{,}5\}$ ist.

Lösung 8.1.03

1 I: $x + y = 85$

II: $6{,}50 \cdot x + 12{,}10 \cdot y = 821{,}30$

2 $x = 37$ kg … Kaffee, $y = 48$ kg … Tee

mit Umformen von I und Einsetzen in II gelöst

Lösung 8.1.04

1 A: $y = 0{,}04 \cdot x + 4$

B: $y = 0{,}08 \cdot x$

2 Wenn Theodor keine Fixausgaben haben möchte, sollte er B wählen.
Wenn Theodor viel telefonieren will, sollte er A wählen.

3 Einzeichnen:

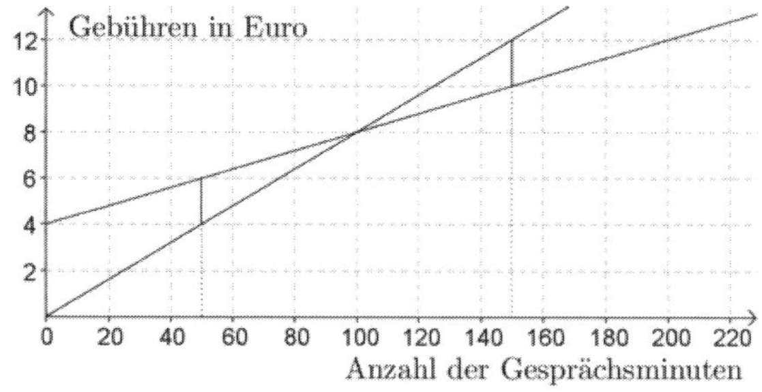

Bei 50 und 150 Gesprächsminuten.

Lösung 8.1.05

1 $K_E(x) = 1{,}70 \cdot x + 5{,}60$

2 + 4 Einzeichnen von $K_G(x) = 2{,}30 \cdot x$ **+ 5** $A = (9{,}33|21{,}47)$

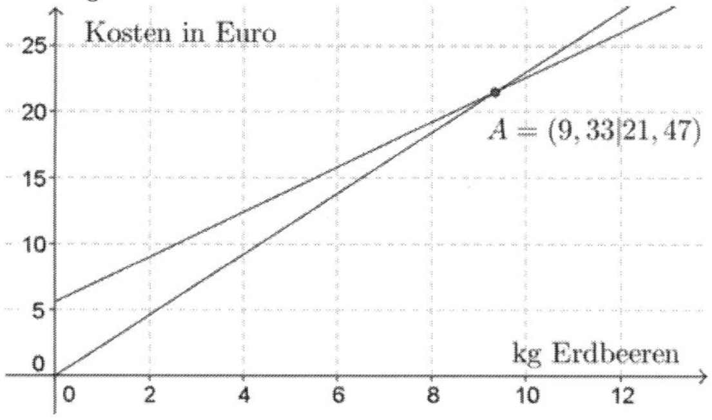

3 $K_G(x) = 2{,}30 \cdot x$ ist direkt proportional, da $d = 0$ ist und der Form $y = c \cdot x$ entspricht.

Lösung 8.1.06

1 K(x) = 2,49 · x + 19.500

2 $K(100\,000) = 268.500$ €

3 $E(x) = 4{,}15 \cdot x$

4 x = 11 746,99 → x = 11 747 Stück

5 $G(x) = E(x) - K(x) = 1{,}66 \cdot x - 19\,500$

6 Graphen:

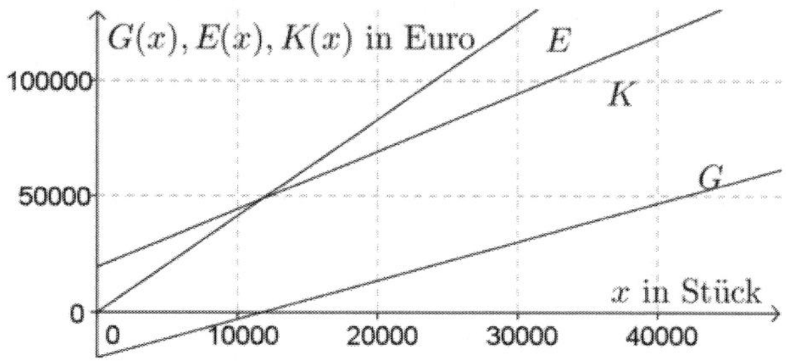

7 y = 12 000 → x ≈ 19 000

Lösung 8.1.07

1 $0{,}3 \cdot x + 0{,}1 \cdot y = 0{,}12 \cdot 5$

$x + y = 5$

2 Die 2. Gleichung auf eine Unbekannte explizit umformen und in die 1. Gleichung einsetzen. Dort die 2. Unbekannte ausrechnen, in die 2. Gleichung einsetzen und die andere Unbekannte ausrechnen.

Lösung 8.1.08

1 Graphen:

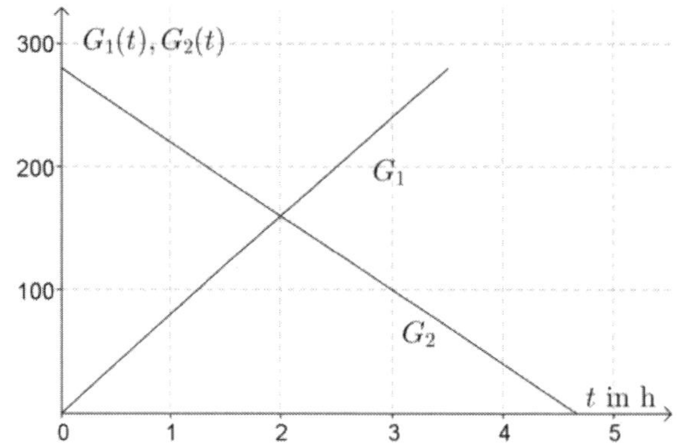

2 Text 2

3 Text 2 ist passend, da der PKW mit 80 km/h fährt und der LKW zur gleichen Zeit mit 60 km/h aus dem 280 km entfernten Ort entgegenfährt.

4 Text 1 ist falsch, weil der LKW in die gleiche Richtung fährt.

Text 3 ist falsch, weil der Ort 80 km entfernt ist, der PKW 60 km/h fährt und der LKW 80 km/h fährt.

Text 4 ist falsch, weil der LKW 60 min später los fährt.

Lösung 8.1.09

1 $K_1(x) = 0{,}38 \cdot x + 7{,}40$

2 $K_2(x) = 0{,}46 \cdot x$

3 Graphen:

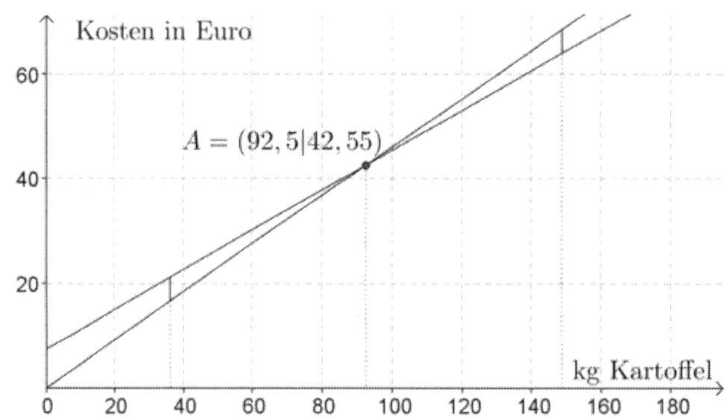

4 $A = (92{,}5|42{,}55)$; siehe Grafik

5 $0{,}38 \cdot x + 7{,}40 = 0{,}46 \cdot x \rightarrow x = 92{,}5$; gleiche x-Stellen, daher richtig

6 Preisunterschied von 4,50 €: $x_1 = 36{,}25$ und $x_2 = 148{,}75$; siehe Grafik
Ablesebereich: [32;40] und [144;153]

Lösung 8.1.10

1 $K(x) = 6 \cdot x$

2 3 entspricht der Höhe eines Eintrittes, 45 ist die Jahresgebühr

3 Graphen:

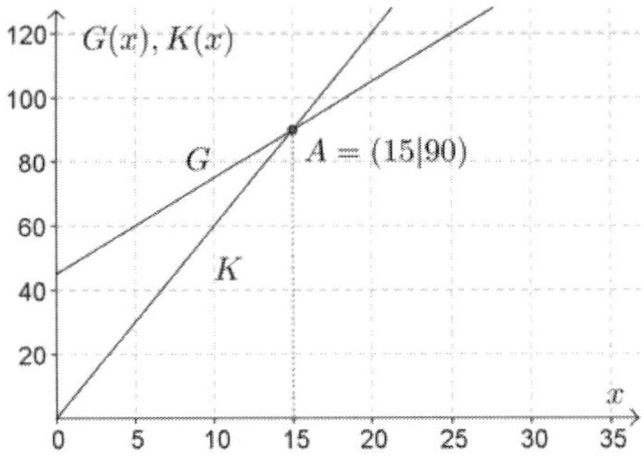

4 Ab 16 Hallenbadbesuchen ist es für Klubmitglieder billiger.

Lösung 8.1.11

1 $M_1(x) = \frac{24}{1\,000} \cdot x + 4 = \frac{3}{125} \cdot x + 4$

2 Modell 2 bewirkt eine konstante Lohnerhöhung von ca. € 38 für alle Angestellten, d.h. jene mit einem geringen Einkommen bekommen prozentuell gesehen eine höhere Gehaltserhöhung.

3 $38 = \frac{3}{125} \cdot x + 4 \rightarrow x = 1.416,67$ €

4 Den Unterschied berechnet man, indem man die Differenz von $M_1(2\,500)$ und 38 bildet.

Lösung 8.1.12

1 $K(x) = 5 \cdot x + 140$

2 Fixkosten 140 €

3 $E(x) = K(x) \quad \Rightarrow 40 \cdot x = 5 \cdot x + 140 \rightarrow x = 4$ kg

4 Einnahmen: 240 €, Gewinn: 70 €

5 $E(x) = 40 \cdot x = 360 \rightarrow x = 9$ kg

Lösung 8.1.13

1 Tarif 3 ist richtig, da die Grundgebühr und die Steigung positiv sind.

2 Tarif 1 ist falsch, da die Grundgebühr null wäre.

Tarif 2 ist falsch, da bei längerer Fahrt die Fahrt billiger wird. (k negativ)

3 $K_1(x) = 1,50 \cdot x + 3,10$

$K_2(x) = 1,90 \cdot x + 2,10$

$K_1(x) = K_2(x) \rightarrow x = 2,5$ km

4 Graphen:

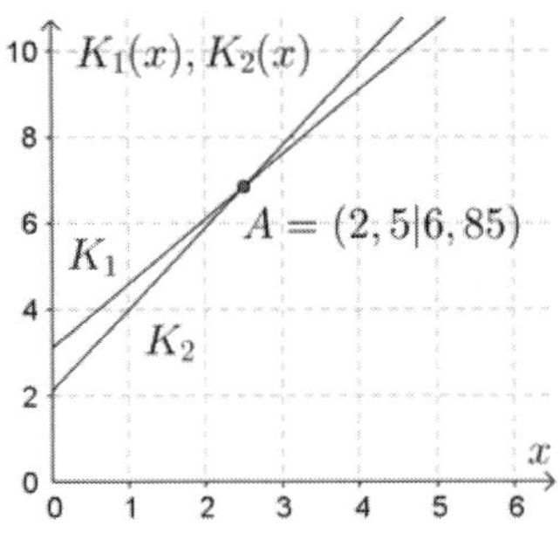

Lösung 8.1.13

5 Für kurze Strecken unter 2,5 km sollten sie Unternehmen 2 nehmen, für längere Strecken Unternehmen 1.

6 $K_3(t) = 3{,}40 + 16 \cdot 1{,}65 + 0{,}15 \cdot 3{,}40 \cdot t = 0{,}51 \cdot t + 29{,}80$

7 $0{,}51 \cdot t + 29{,}80 = 2 \cdot 29{,}80 \rightarrow$ 58 min 26 sec

8.2 Sonderfälle linearer Gleichungssysteme in zwei Variablen (Deskriptor 2.7)

Lösung 8.2.01

1 $w \neq -2$

2 $\frac{r}{u} = \frac{s}{v} \neq \frac{t}{w}$

Lösung 8.2.02

$b = 3$, damit die 2 Graphen die gleiche Steigung haben, und $c \neq 9$, damit sie nicht identisch sind.

Lösung 8.2.03

1 $g(x) = -0{,}5 \cdot x - 0{,}5$

2 $2 = -0{,}5 \cdot x - 0{,}5 \rightarrow x = -5$

3 Graph:

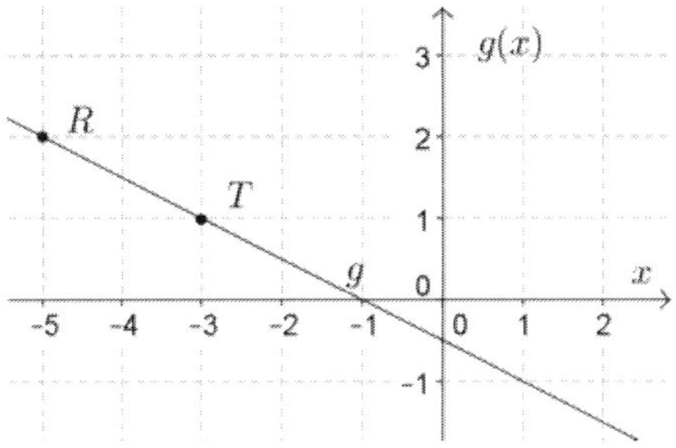

4 Rechnerisch: $g(-3) = 1 \neq 0{,}99$, daher keine Lösgung; in Grafik nicht genau ablesbar.

5 f: $4 \cdot x - 5 \cdot y = 16$

6 Graphen:

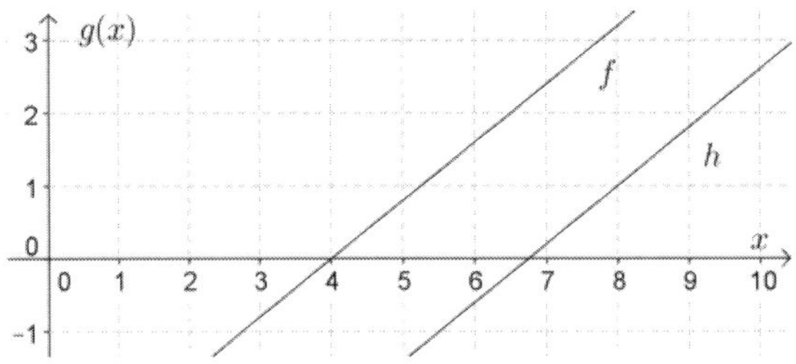

7 $h(x) = f(x)$

$16 = 27 \rightarrow$ Es gibt keinen Schnittpunkt (parallel).

Lösung 8.2.04

1 $g: 4 \cdot x - 3 \cdot y = 14$

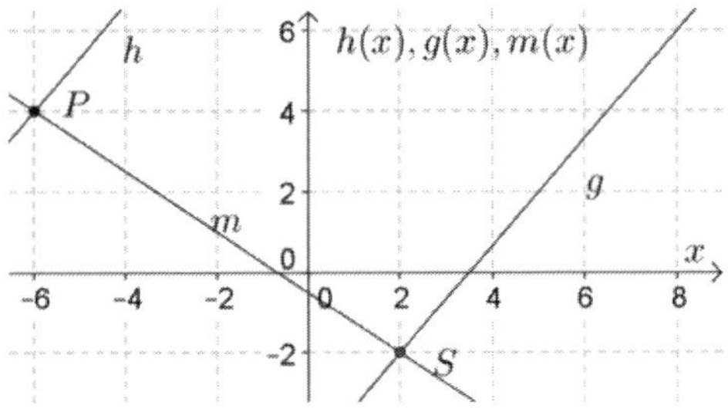

2 $h: 4 \cdot x - 3 \cdot y = -36$

3 $m: 3 \cdot x + 4 \cdot y = -2$; siehe Grafik

4 $S = (2|-2)$; siehe Grafik

5 Umformen und Einsetzen: $h \cap m = S = (2|-2)$

8.4 Lösen von linearen Gleichungssystemen mit Matrizen mithilfe des Taschenrechners (Deskriptor 2.8)

Lösung 8.4.01

a) $x = 6, y = 5, z = 6$ b) $x = 5, y = 5, z = 4$

c) $x = 1, y = 1, z = 1$ d) $x = 1, y = 1, z = 2$

Lösung 8.4.02

1 Die 2. und 3. Gleichung sind linear abhängig, d.h. sie ergeben keine neue Bedingung.

2 Nein es ist nicht klar, denn die neue 4. Gleichung könnte auch linear abhängig sein.

3 $x = 5$ Liter weiß, $y = 2$ Liter blau, $z = 1$ Liter rot

9 Polynomfunktionen (Deskriptor 3.4)

9.1 Quadratische Funktion

Lösung 9.1.01

	1	2	3
b = 0	f_1	$y(-x) = y(x)$, y-Achsensymmetrie	2.
a > 0	f_1, f_2	weil eine nach oben offene Parabel	3.
a < 0	f_3	weil eine nach unten offene Parabel	1.

Lösung 9.1.02

1 Graphen:

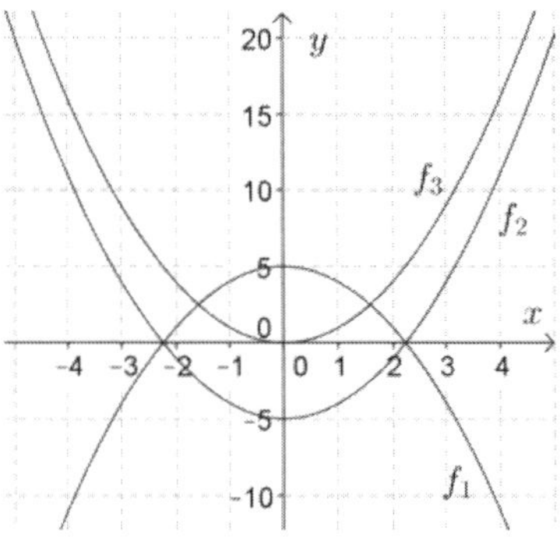

$f_1(x) = -x^2 + 5$
$f_2(x) = x^2 - 5$
$f_3(x) = x^2$

2 f_1: 2. Eigenschaft; f_2: 2. Eigenschaft; f_3: 3. Eigenschaft

Lösung 9.1.03

1 Tabelle:

Richtig	Falsch
Richtig	Richtig
Richtig	Falsch

2 Graphen:

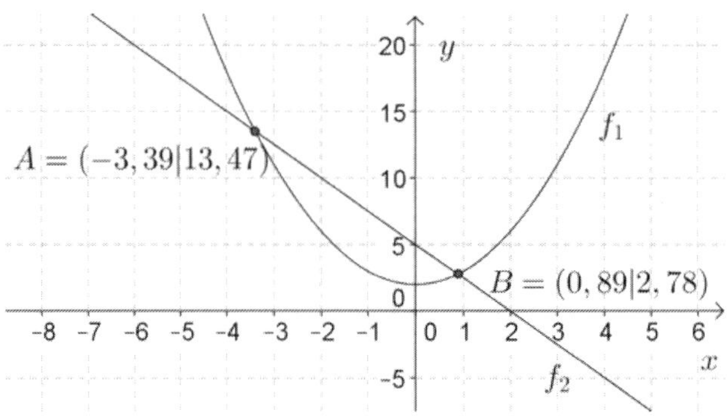

3 Schnittpunkte: siehe Grafik

4 mit Intersect, Lösungen: siehe Grafik

9.2 Quadratische Gleichungen (Deskriptor 2.9)

Lösung 9.2.1.01

1 Graph:

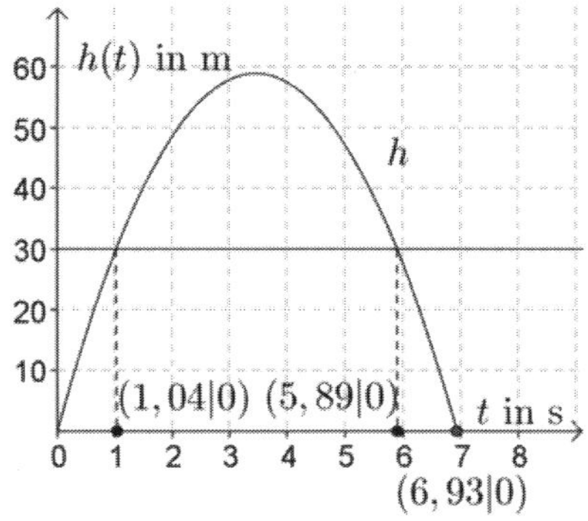

2 $v = \frac{h(2) - h(0)}{2 - 0} = \frac{h(2)}{2} = 24{,}19\ \text{m/s}$

3 nach 6,93 Sekunden

4 $f_1 = h(t); f_2 = 30$; Intersect: $t_1 = 1{,}04$ s ; $t_2 = 5{,}89$ s

Lösung 9.2.1.02

1 Graph:

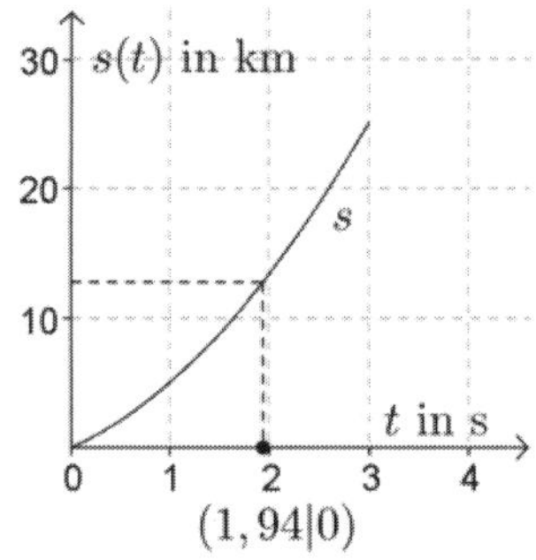

2 $v_1 = \frac{s(1) - s(0)}{1 - 0} = 5{,}05\ \text{km/s}$

$v_2 = \frac{s(3) - s(2)}{3 - 2} = 11{,}65\ \text{km/s}$

3 Die Behauptung ist falsch, da die Welle ca. 2 Sekunden benötigt.

Lösung 9.2.1.03

1 $A = (r - b)^2 \cdot \pi$

2 Graph:

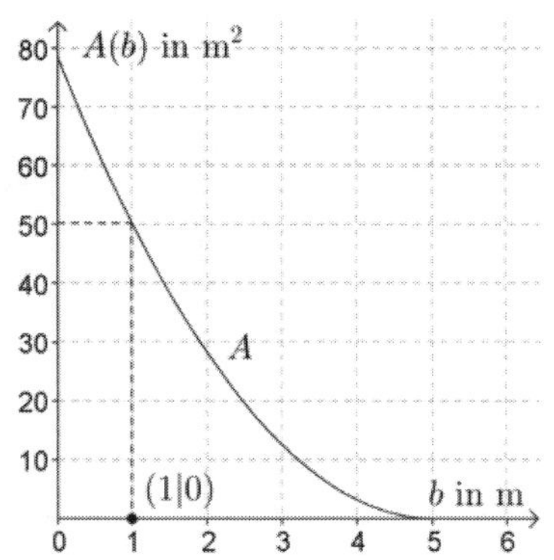

3 $f_1 = A(b); f_2 = 50{,}27$; Intersect: $b_1 \approx 1$ m; t_2 außerhalb des Definitionsbereiches

4 Der Graph ist streng monoton fallend. Wenn die Randbreite b größer wird, muss die verbleibende Bepflanzungsfläche kleiner werden.

Lösung 9.2.1.04

1 $E(13) = 757{,}97$

$E(26{,}25) = 0$

$E(x) = -57{,}21 \cdot x + 1\,501{,}64$

2 $K(5) = 290{,}5$

$K(7) = 337{,}7$

$K(15) = 646{,}5$

3 $a = 1{,}5 \quad b = 5{,}6 \quad c = 225$

4 Fixkosten: 225 GE

5 $K_1(150) = 34\,815$ GE

6 $K_1(x) = 20\,000 \rightarrow x = 112{,}97$ ME

7 Stelle der minimalen Stückkosten: $x = 12{,}25$ ME

Lösung 9.2.1.05

1 1 .Graph: horizontale Achse r in cm, vertikale Achse V in L

2\. Graph: horizontale Achse h in cm, vertikale Achse V in L

2 1. Graph: da das Volumen von r^2 abhängt → Parabel

2\. Graph: da das Volumen von h abhängt → Gerade

3 $V = 35 \cdot 2{,}7^2 \cdot \pi \cdot 0{,}098 = 78{,}55$ L

4 $5 \cdot x + 3 \cdot y = 240$

$7 \cdot x + 6 \cdot y = 442$

5 $x = 12{,}67$ €, $y = 58{,}89$ €

Lösung 9.2.1.06

1 Definitionsbereich: $]0;\infty[$; Monotonieverhalten: streng monoton steigend

Fixkosten: 80 GE

2 $K(x) = 150 \rightarrow x = 5{,}36$ ME

3 $K(10) = 220$ GE

4 Grafik:

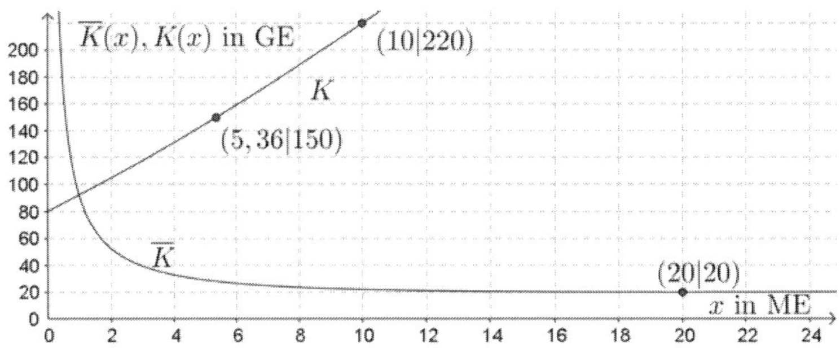

5 $\overline{K}(x) = 0{,}2 \cdot x + 12 + \frac{80}{x}$

6 siehe Grafik: $\overline{K}(x)$

7 20 ME

8 $20 \ \frac{\text{GE}}{\text{ME}}$

Lösung 9.2.1.07

1 $v_0 = \frac{90}{3,6} = 25\,\frac{\text{m}}{\text{s}}$

2 Reaktionsweg: 20 m, Anhalteweg: 73 m, Bremsweg: 53 m

3 $R = \frac{4}{5} \cdot v$

4 Anhalteweg(90) = 108 m

Lösung 9.2.1.08

1 $K(0) = 300$

$K(10) = 250$

$K(20) = 175$

2 $K(t) = -0,125 \cdot t^2 - 3,75 \cdot t + 300$

3

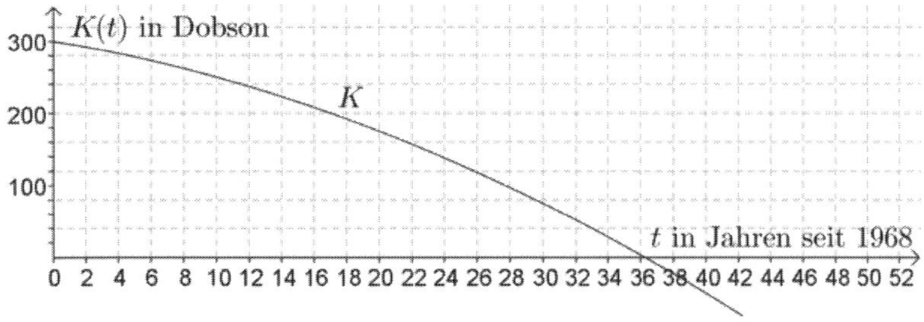

Prognose für 2020 ist laut Graph sicher negativ, sinnlos laut Kontext, d.h das Modell ist zu schlecht, um für eine so lange Zeit eine Vorhersage zu treffen.

4 $K(44) = -107$ Dobson

5 $K(t) = 70 \rightarrow t = 30,44$ Jahre $\rightarrow$ im Jahr 1999

Lösung 9.2.1.09

1 Anfahren: $s = 50$ m, $t = 8$ s

Fahrt: $s = 130$ m, $t = 10$ s

Bremsen: $s = 20$ m, $t = 3$ s

2 Steigung ist konstant, d.h. v = konstant.

3 Ja, da die größte Geschwindigkeit im mittleren Abschnitt erzielt wird und sie $v = \frac{130}{10} = 13$ m/s = 46,80 km/h < 50 km/h groß ist.

4 $s_1(5) = 35$ m

$s_2(14) - 35 = 126$ m

$s_3(18) - 126 - 35 = 28$ m

5 $s_{ges} = 35 + 126 + 28 = s_3(18) = 189$ m

Lösung 9.2.1.10

1 Graphen:

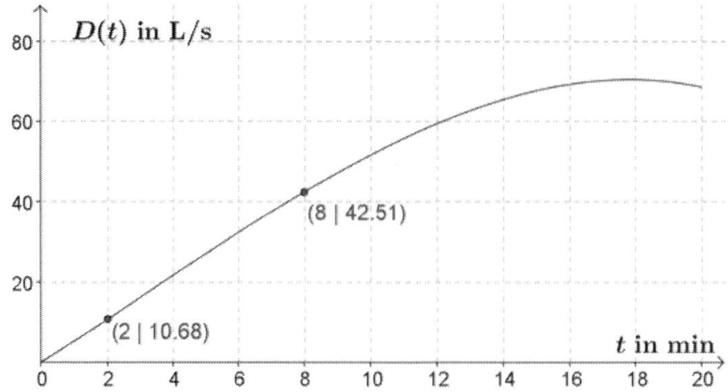

2 $\dfrac{D(8) - D(2)}{8 - 2} = \dfrac{42{,}51 - 10{,}68}{6} = 5{,}305$ L/s pro min

Lösung 9.2.3.01

1, da die zweite Lösung negativ ist.
0, da die Wurzel aus einer negativen Zahl in $\mathbb{R}$ keine Lösung hat.
0, da die Wurzel aus einer negativen Zahl in $\mathbb{R}$ keine Lösung hat.
1, da die zweite Lösung negativ ist.

9.3 Polynomfunktionen höherer Ordnung (Deskriptoren 3.4, 3.7)

Lösung 9.3.01

a) $x_1 = -1 \quad x_2 = 2 \quad x_3 = 3$
b) $x_{1,2} = 0 \quad x_3 = -3$
c) $x_1 = -0{,}90 \quad x_2 = 0 \quad x_3 = 1{,}10$
d) $x_1 = -1{,}41 \quad x_2 = -1 \quad x_3 = 1 \quad x_4 = 1{,}41$
e) $x_1 = -2 \quad x_2 = 2 \quad x_{3,4} = 3$
f) $x_1 = 0{,}2 \quad x_2 = 1 \quad x_3 = 5$

Lösung 9.3.02

1 $N_1 = (-2|0) \quad N_2 = (-1|0) \quad N_3 = (0|0) \quad N_4 = (1|0)$
2 $y = x \cdot (x+2) \cdot (x+1) \cdot (x-1)$
3 streng monoton fallend: $[-\infty; -1{,}62[$ und $]-0{,}5; 0{,}62[$
streng monoton steigend: $]-1{,}62; -0{,}5[$ und $]0{,}62; \infty[$

Lösung 9.3.03

1 $N_1 = (-2|0) \quad N_2 = (1|0) \quad N_3 = (2|0) \quad Y = (0|4)$
2 $y = (x+2) \cdot (x-1) \cdot (x-2)$
3 streng monoton fallend: $]-0{,}87; 1{,}54[$
streng monoton steigend: $[-\infty; -0{,}87[$ und $]1{,}54; \infty[$
4 absolut: $y(1) - y(0) = 0 - 4 = -4$
durchschnittlich: $\frac{y(1) - y(0)}{1 - 0} = -4$
relativ: $\frac{y(1) - y(0)}{y(0)} \cdot 100 = -100\,\%$

10 Exponential- und Logarithmusfunktion

10.1 Eigenschaften der Exponentialfunktion (Deskriptoren 2.11, 3.5)

Lösung 10.1.01

1 Tabelle:

x	–3	–2	–1,5	0	0,667	1	2,2	3
$f_1(x)$	0,037	0,11	0,19	1	2,08	3	11,21	27
$f_2(x)$	24	12	8,49	3	1,89	1,5	0,65	0,375
$f_3(x)$	0,002 5	0,018	0,050	1	3,79	7,39	81,45	403,43
$f_4(x)$	3,125	3,25	3,35	4	4,59	5	7,59	11

2 Graphen:

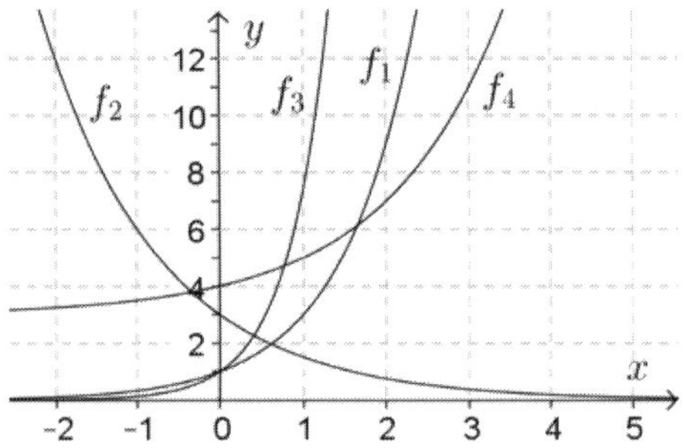

3 x-Stellen:

y	9	5	1
f_1	2	1,46	0
f_2	–1,58	–0,74	1,58
f_3	1,1	0,8	0
f_4	2,58	1	kein Schnittpunkt

Lösung 10.1.02

1 $3{,}38 = 2 \cdot a^2 \rightarrow a = 1{,}3$

2 $R = (-1|1{,}54)$ $S = (3{,}49|5)$ $T = (0|2)$

3 Graph:

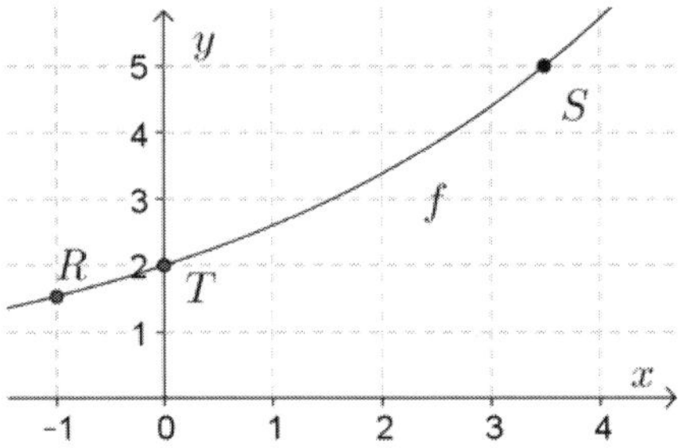

4 R, S und T liegen auf dem Graphen; siehe Grafik

10.2 Logarithmusfunktion (Deskriptor 2.3, B_P_3.3)

Lösung 10.2.01

a) $x = 5$
b) $x = 1$
c) $x = -2$
d) $x = 0{,}636$
e) $x = -2$
f) $x = 1$
g) $x = -0{,}535$
h) $x = -6$

Lösung 10.2.02

1 $K(t) = 7 \cdot 1{,}18^t$
2 $K(10) = 36{,}64$ Keime pro 100 ml
3 Graph:

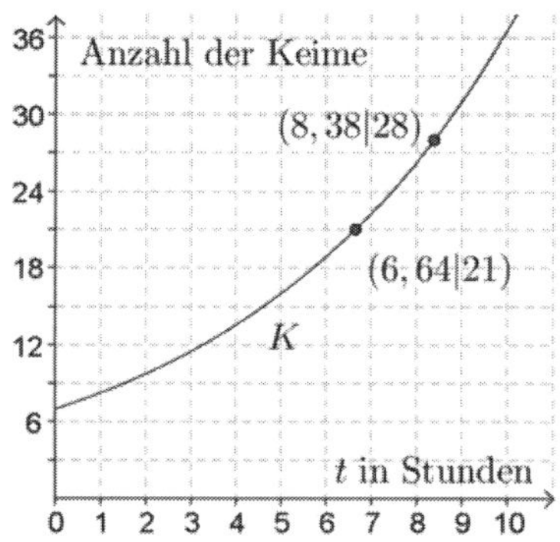

4 nach 6,64 Stunden
5 Die Keime haben sich nach 8,38 Stunden vervierfacht.

Lösung 10.2.03

a) $x = 3$
b) $x = -1$
c) $x = 4$
d) $x = -\frac{3}{2}$
e) $x = 3$
f) $x = 2$
g) $x = 2$
h) $x = 256$
i) $x = 9$

Lösung 10.2.04

a) $\log(7) + \log(a) + \log(b)$

b) $\log(2) + 2 \cdot \log(x) + \log(y)$

c) $\log(2) + \log(x) + \log(z) - \log(3) - \log(y)$

Lösung 10.2.05

a) $\log\left(\frac{2 \cdot a}{c}\right)$

b) $\log(a^3 \cdot b)$

c) $\log\left(\frac{x \cdot \sqrt[3]{y}}{\sqrt{x + y}}\right)$

Lösung 10.2.06

1 $D = 10 \cdot \lg\left(\frac{I_0}{0{,}948 \cdot I_0}\right) = 0{,}23\ldots \approx 0{,}2$

Die Lichtintensität nach 1 km entspricht einer Dämpfung von ca. 0,2 dB.

2 $18 = 10 \cdot \lg\left(\frac{I_0}{I}\right) \rightarrow 1{,}8 = \lg\left(\frac{I_0}{I}\right) \rightarrow 10^{1{,}8} = \frac{I_0}{I}$

$I = \frac{I_0}{10^{1{,}8}} = 0{,}01584\ldots \cdot I_0 \approx 1{,}58\ \%$ von I_0

3 $D = 10 \cdot \lg\left(\frac{I_0}{I}\right) = 10 \cdot \left(\lg(I_0) - \lg(I)\right) = -10 \cdot \left(\lg(I) - \lg(I_0)\right) = -D_1$

Lösung 10.2.07

1 $L_p(3 \cdot x) - L_p(x) = 75 - 10 \cdot \lg(3 \cdot x) - \left(75 - 10 \cdot \lg(x)\right) =$
$10 \cdot \left(\lg(x) - \lg(3 \cdot x)\right) = 10 \cdot \lg\left(\frac{x}{3 \cdot x}\right) = -4{,}77\ldots \approx -4{,}8$

Verdreifacht sich der Abstand von der Schallquelle, so nimmt der Schalldruckpegel um ca. 4,8 dB ab.

2 Aussage 3 ist richtig.

10.3 Anwendungen auf Wachstums- und Abnahmevorgänge (Deskriptoren 2.10, 3.5, 3.6, 3.9)

Lösung 10.3.01

1 $N(t) = N_0 \cdot 0{,}92^t$

2 $t = \dfrac{\ln(0{,}5)}{\ln(0{,}92)} = 8{,}31$ Tage

3 Graph:

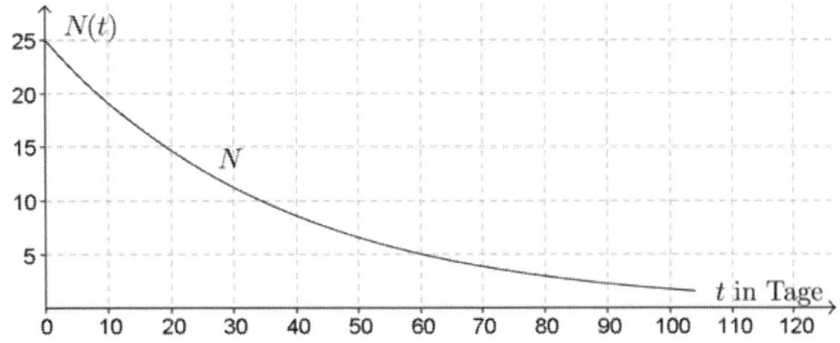

Lösung 10.3.02

1 Graph:

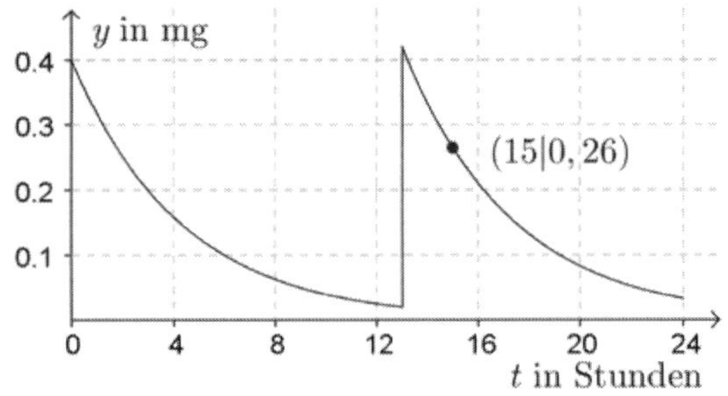

2 $y = 0{,}4 \cdot 0{,}793\,70^t \qquad 0 \leq t < 13$

$y = 0{,}4 \cdot 0{,}793\,70^t + 0{,}4 \cdot 0{,}793\,70^{t-13} \qquad 13 \leq t < 24$

3 $y(15) = 0{,}26$ mg

4 Man setzt den ersten Funktionsterm gleich 0,04 und löst nach t auf. Das berechnete t addiert man zu 7:00 und erhält die gesuchte Uhrzeit.

Lösung 10.3.03

1 Lineare Abhängigkeit, da jedes Jahr der gleiche Betrag geschlägert wird.

2 $H(t) = H_0 - B \cdot t$

3 $H(t) = 130\,000 \cdot 0{,}962\,5^t$

4 $65\,000 = 130\,000 \cdot 0{,}962\,5^t \rightarrow t = 18{,}14 \approx 18$ Jahre

5 $\dfrac{1{,}98 \cdot 10^6}{30 \cdot 24 \cdot 60} = 45{,}83$ ha/min werden zerstört.

Lösung 10.3.04

1 Graph:

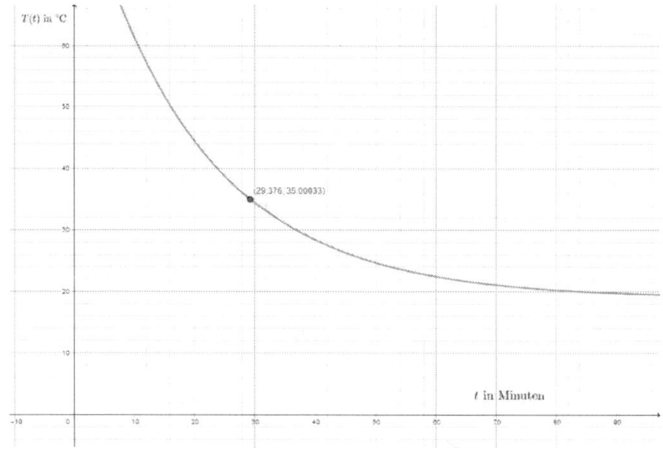

2 Der Tee hat eine Anfangstemperatur von 89 °C. Sie nimmt dann sehr stark ab. Je länger man den Tee abkühlen lässt, umso näher kommt man der Endtemperatur 19 °C.

3 $35 = 19 + 70 \cdot 0{,}951^t \rightarrow t = 29{,}38$ Minuten

4 Es ist besser, wenn man den Zucker später hinzu gibt, da die Abkühlgeschwindigkeit am Anfang größer ist. Der Zucker bewirkt eine konstante Temperaturabnahme und am Ende entspricht sie einem größeren Zeitgewinn.

Lösung 10.3.05

1 $N(t) = 100 \cdot 0{,}5^{\frac{t}{30{,}2}} = 100 \cdot 0{,}977\,3^t$

2 Graph:

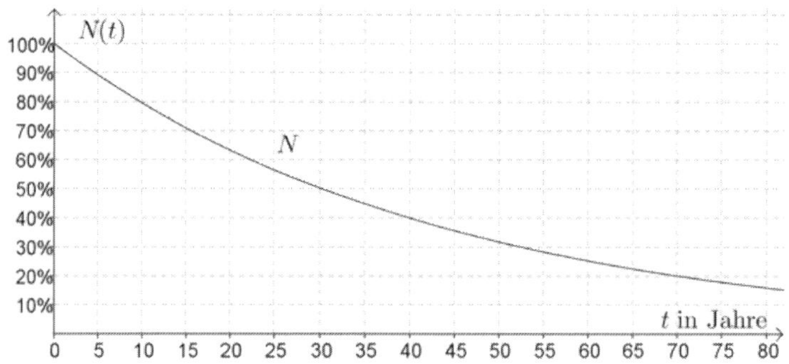

3 $e^{-0{,}086\,64 \cdot 1} = 0{,}917 \rightarrow 8{,}3\ \%$ tägliche Abnahme

4 Graph:

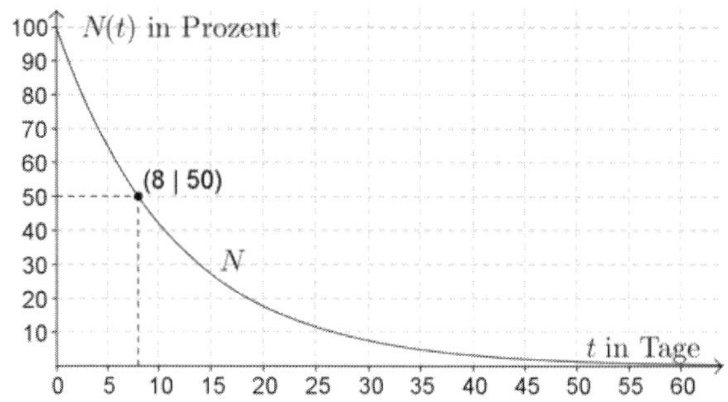

5 Die Halbwertszeit beträgt 8 Tage.

Lösung 10.3.06

1 Zuerst stellt man das Wachstumsgesetz auf. Dann setzt man für $K(t) = 2 \cdot K_0$ ein. Nun kürzt sich K_0 aus der Gleichung raus. Man logarithmiert die Gleichung und formt auf n um.

2 $K(n) = K_0 \cdot 1{,}017^n$

3 $K(7) = 10\,000 \cdot 1{,}065^7 = 15.539{,}87$ €

Lösung 10.3.07

1 Stabdiagramm:

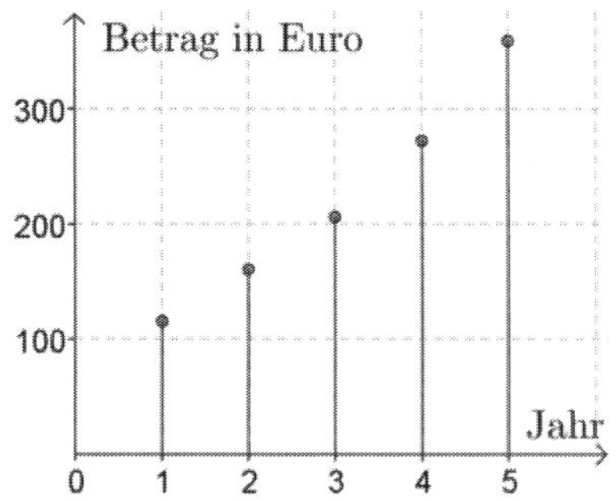

2 $G(5) = (115 + 45{,}50 \cdot 2) \cdot 1{,}32^2 = 358{,}93$ €

3 $H(0) = a \cdot b^0 = 110 \rightarrow a = 110$

$H(1) = a \cdot b = 110 \cdot 1{,}25 \rightarrow b = 1{,}25$

4 $\frac{228{,}15}{175{,}5} = \frac{175{,}5}{135} = 1{,}3$ … Faktor, der gleich bleibt

5 $H(5) = 135 \cdot 1{,}3^4 = 385{,}57$ €

Lösung 10.3.08

1 $B(0) = c \cdot a^0 = 51\,200$

$B(3) = c \cdot a^3 = 65\,300$

$B(5) = c \cdot a^5 = 77\,050$

2 Die Vermutung ist richtig, da $\sqrt{\frac{77\,050}{65\,300}} = 1{,}086 \approx 1{,}084 = \sqrt[3]{\frac{65\,300}{51\,200}}$

3 $B(t) = 1\,150 \cdot t + 65\,200$

4 Graph:

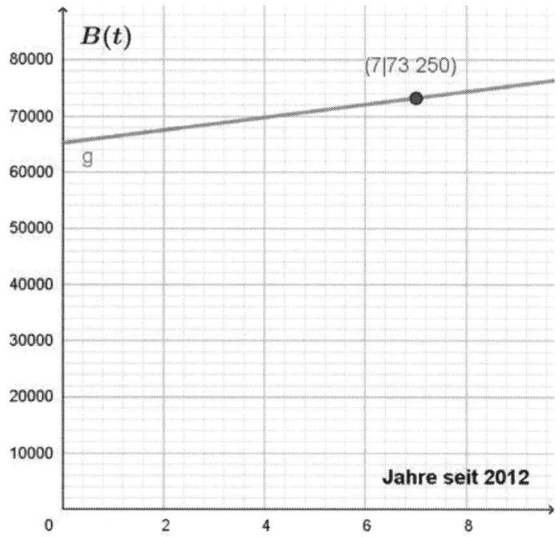

5 Im Jahr 2019 werden ca. 73 250 Menschen in der Region leben.

6 Gegen Ende des Jahres 2005 sind beide Bevölkerungszahlen ca. gleich groß.

7 2019 in Region A: ca. 113 600 Menschen; 2019 in Region B: ca. 0 Menschen

Lösung 10.3.09

1 $h(13) = 3{,}8 \cdot e^{k \cdot 13} = 6{,}5 \rightarrow k = 0{,}041\,29$

2 $h(t) = 3{,}8 \cdot e^{0{,}041\,29 \cdot t}$

3 Graph:

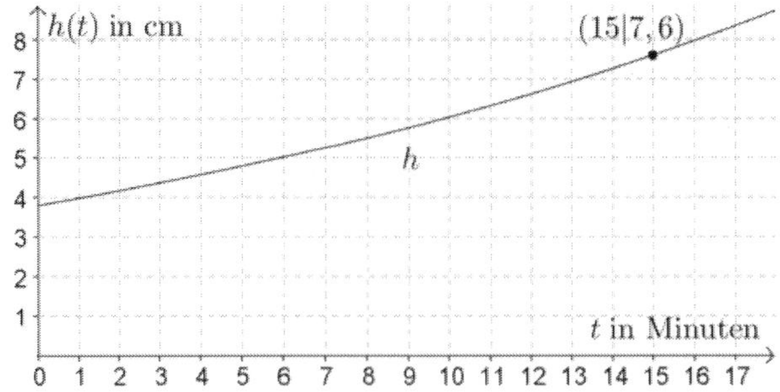

4 $h(t) = \frac{t}{4} + 4$

5 $7{,}2 = \frac{t}{4} + 4 \rightarrow t = 12{,}8$ min

Lösung 10.3.10

1 $N_0 = e^{3{,}04} = 20{,}91$ Mrd.

$N(50) = 19{,}50$ Mrd.

Die Behauptung ist falsch: $\frac{19{,}50 - 20{,}91}{20{,}91} = -0{,}067\,4 = -6{,}74\,\%$

2 $N_0 = 20{,}91$ Mrd. $\quad a = e^{-0{,}001\,39} = 0{,}998\,61$

$N(t) = 20{,}91 \cdot 0{,}998\,61^t$

3 Das lineare Modell lautet $L(t) = k \cdot t + d$. Man wählt für $d = N_0$ und

$k = \frac{N(60) - N(0)}{60}$.

Lösung 10.3.11

1 $p(4{,}5) = 450$ bar

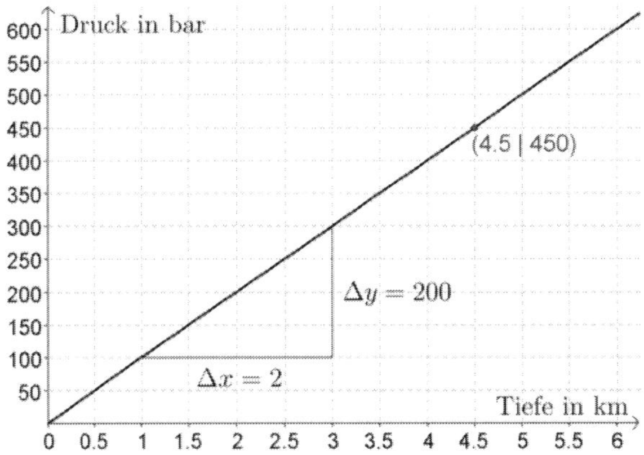

2 $k = \frac{200}{2} = 100$ bar/km

3 $11{,}1 = a \cdot e^{150 \cdot k}$

$22{,}47 = a \cdot e^{1000 \cdot k}$

$\rightarrow a = 9{,}801 \quad k = 8{,}297 \cdot 10^{-4} \approx 0{,}000\,83$

4 Man setzt $p(t) = 2 \cdot a$ und löst die Gleichung dann auf t auf.

Lösung 10.3.11

5 Graph:

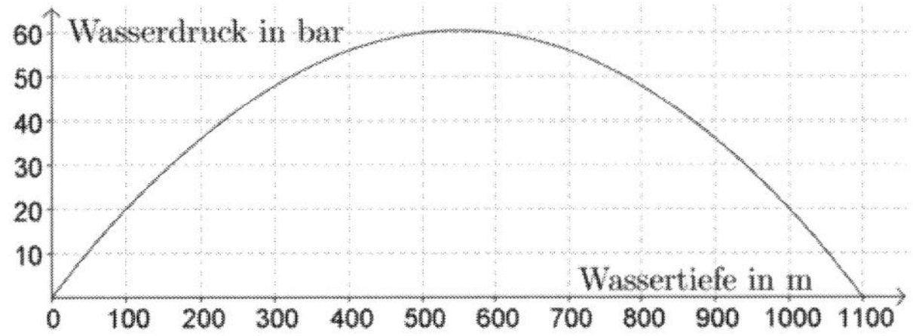

6 Ab einer Wassertiefe von ca. 550 m nimmt der Wasserdruck mit der Tiefe wieder ab und das ist unrealistisch.

11 Trigonometrie, trigonometrische Funktionen

11.1 Sinus, Cosinus und Tangens im rechtwinkeligen Dreieck (Deskriptor 2.12)

Lösung 11.1.01

1 $\tan(50°) = \frac{20}{x} \rightarrow x = \frac{20}{\tan(50°)} = 16{,}78 \text{ m}$

2 $\tan(50°) = \frac{x}{10} \rightarrow x = 10 \cdot \tan(50°) = 11{,}92 \text{ dm}$

Lösung 11.1.02

1 $\sin \alpha = \frac{\Delta h}{l} \rightarrow l = \frac{\Delta h}{\sin \alpha} = 2\,513{,}92 \text{ m}$

2 Die Schätzung ist richtig:

$\tan \alpha = \frac{\Delta h}{\Delta x} \rightarrow \Delta x = \frac{\Delta h}{\tan \alpha} = 2\,404{,}08 \text{ m}$

Lösung 11.1.03

1 $\sin \alpha = \frac{h_a}{b} \rightarrow h_a = b \cdot \sin \alpha$

2 $A = a \cdot h_a = a \cdot b \cdot \sin \alpha = 1\,263{,}78 \text{ m}^2$

3 $B = 350 \cdot A \cdot 0{,}95 = 420.206{,}85$ €

Lösung 11.1.04

1 Der Dachausbau ist nicht sinnvoll:

$\tan(23{,}5°) = \frac{h}{5} \rightarrow h = 5 \cdot \tan(23{,}5°) = 2{,}17 \text{ m} < 2{,}5 \text{ m}$

2 $V = \frac{b \cdot 2{,}75}{2} \cdot l = 1{,}375 \cdot b \cdot l$

Lösung 11.1.05

1 $\tan \alpha = \frac{p}{100}$

2 $\tan \alpha = 1 \rightarrow \alpha = 45°$

3 $k = \tan(12°) = 0{,}212\,6 = 21{,}26\ \%$

Lösung 11.1.06

1 Skizze:

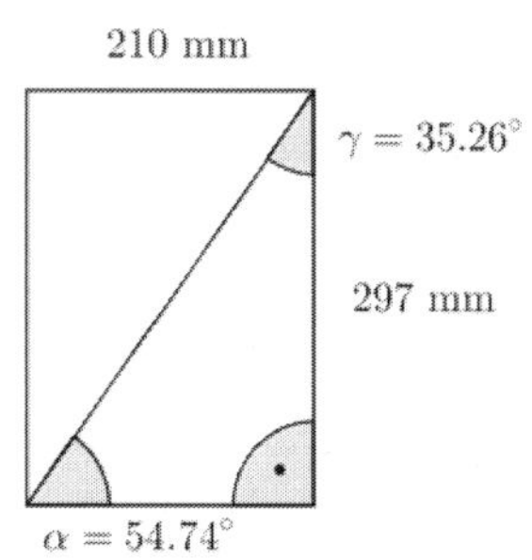

2 $\tan \alpha \quad \frac{297}{210} \rightarrow \alpha = 54{,}74° \rightarrow \gamma = 90° - \alpha = 35{,}26°$

Lösung 11.1.07

1 Skizze:

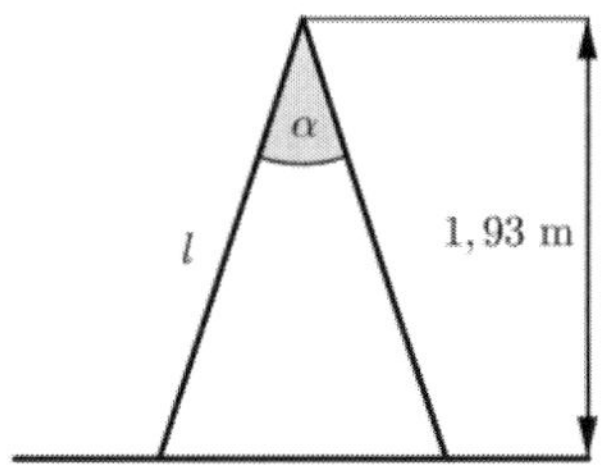

2 $\cos(15°) = \frac{1{,}93}{l} \rightarrow l = \frac{1{,}93}{\cos(15°)} = 2{,}00 \text{ m}$

3 $\cos(22{,}5°) = \frac{h}{l} \rightarrow h = l \cdot \cos(22{,}5°) = 1{,}85 \text{ m} < 1{,}90 \text{ m}$

Lösung 11.1.08

1 $s = \frac{2 \cdot r \cdot \pi}{360} \cdot \varphi \approx 4\,536 \text{ km}$

2

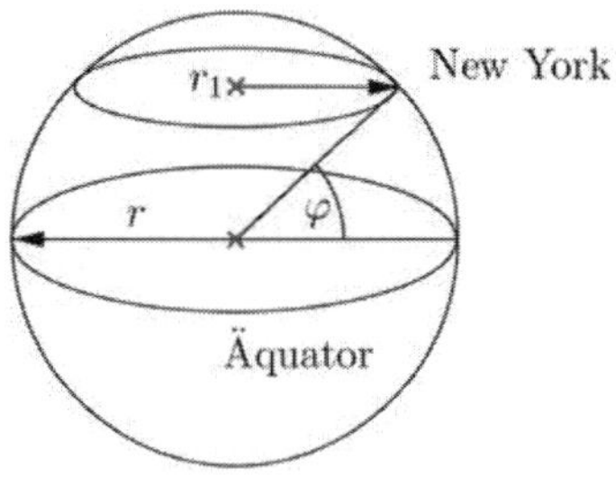

$\cos \varphi = \frac{r_1}{r} \rightarrow r_1 = r \cdot \cos \varphi = 4\,831{,}75 \text{ km}$

Die Aussage ist richtig, da:

$U_1 \approx \frac{3}{4} \cdot U \rightarrow r_1 \approx \frac{3}{4} \cdot r$

Lösung 11.1.09

Dreieck 1: $\cos \alpha = \frac{c_1}{e}$

Dreieck 2: $\tan \beta = \frac{b}{u}$

Dreieck 3: $\sin \gamma = \frac{j}{k}$

Dreieck 4: $\sin \delta = \frac{h_2}{g_3}$

Lösung 11.1.10

1 $V = \frac{m}{\rho} = 1{,}41 \cdot 10^{18} \text{ km}^3$

2 $\tan \alpha = \frac{h}{L} \rightarrow L = \frac{h}{\tan \alpha}$

3 $r = 10^{\frac{m-M+5}{5}} = 4{,}85 \cdot 10^{-6} \text{ pc} = 1{,}50 \cdot 10^{8} \text{ km}$

Lösung 11.1.11

1 Skizze:

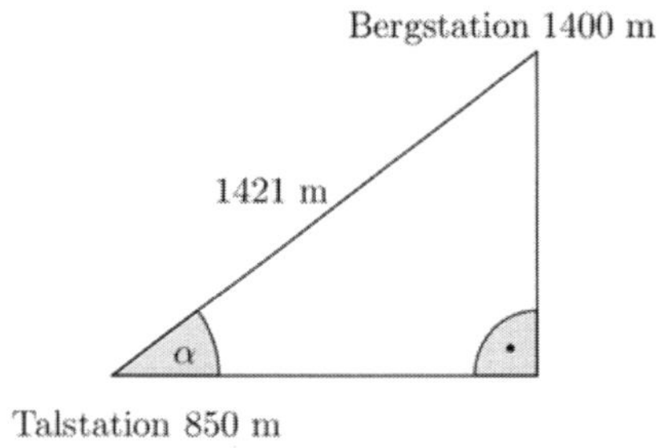

2 $\sin\alpha = \frac{\Delta h}{1\,421} \rightarrow \alpha = 22{,}77°$

3 Man bildet den Tangens des Steigungswinkels und multipliziert den Wert mit 100.

4 $\sin\alpha = \frac{\Delta h}{HYP} \rightarrow HYP = \frac{\Delta h}{\sin\alpha} > 1\,421$

5 $n = \frac{60}{3{,}45 + 3{,}8} = 8{,}28 \rightarrow N = 8 \cdot 90 = 720$ Personen

Lösung 11.1.12

1 Skizze:

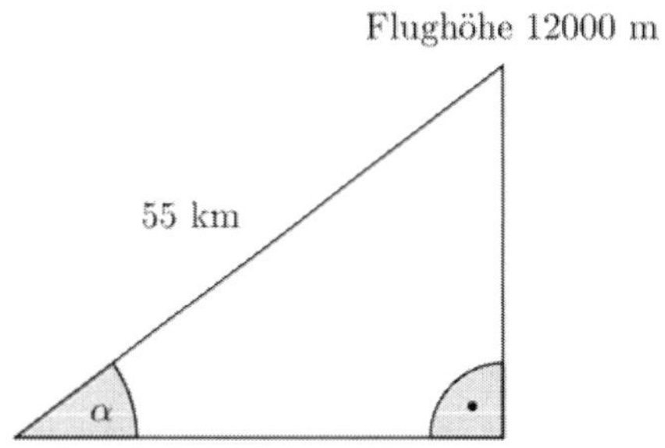

2 $s = v \cdot t = 550 \cdot 0{,}1 = 55$ km

3 $\sin\alpha = \frac{h}{s} = \frac{12\,000}{55\,000} \rightarrow \alpha = 12{,}60°$

4 Zuerst berechnet man mithilfe der Tangensfunktion die Flughöhe. Dann erhält man mit dem Satz von Pythagoras die Flugstrecke. Die Flugstrecke dividiert durch die Geschwindigkeit ergibt die geflogene Zeit.

11.2 Sinus, Cosinus und Tangens im Einheitskreis

Lösung 11.2.01

a) keine Lösung
b) $\alpha = 225°$
c) $\alpha = 180°$
d) $\varphi = 45°$
e) $\varphi = 180°$
f) $\varphi = 225°$
g) $\varphi = 45°$

11.3 Sätze für allgemeine Dreiecke (Deskriptor B_P_2.2)

Lösung 11.3.01

1

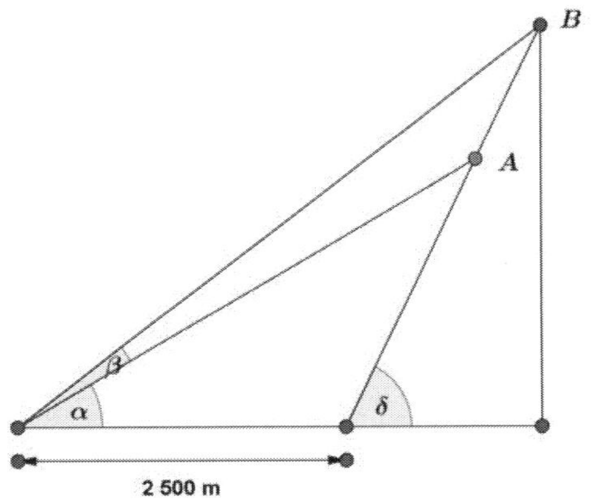

2

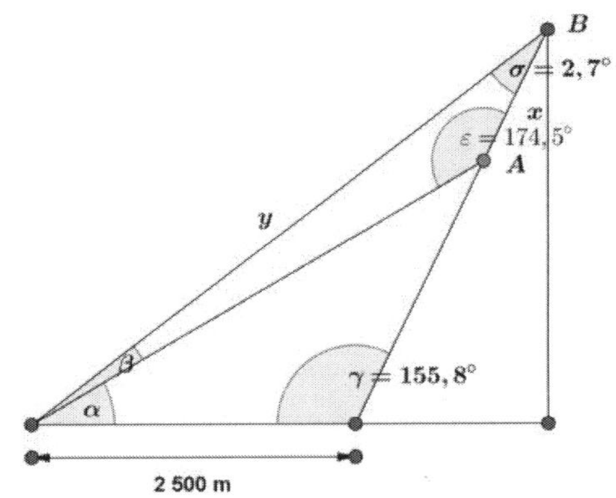

Sinussatz: $\frac{2\,500}{\sin(2{,}7°)} = \frac{y}{\sin(155{,}8°)} \Rightarrow y = 21\,755{,}143...$

Sinussatz: $\frac{x}{\sin(2{,}8°)} = \frac{y}{\sin(174{,}5°)} \Rightarrow x = 11\,087{,}958... \approx 11\,087{,}96$

Die Luftlinie zwischen den beiden Berggipfeln *A* und *B* beträgt 11 087,96 m.

Lösung 11.3.02

1 Cosinussatz:

$x^2 = 79^2 + 66^2 - 2 \cdot 79 \cdot 66 \cdot \cos(93°) \Rightarrow x = 105{,}559... \approx 105{,}56$

Der Weg von *E* nach *B* ist 105,56 m lang.

2 Im Erweiterungsdreieck *EBC* wird mit dem Sinussatz der Winkel < *BEC* berechnet.

Durch Ergänzung auf 180° wird noch die Größe des Winkels < *CBE* ermittelt.

Mithilfe der trigonometrischen Flächenformel lässt sich für jedes Dreieck der Flächeninhalt berechnen.

3 $P = p \cdot A \cdot 1{,}2 \cdot 0{,}96$

4 Der Lehrling hat nicht Recht, da sich in der Formel für den Gesamtpreis die Faktoren 1,2 und 0,96 vertauschen lassen (Kommutativgesetz für die Multiplikation).

Lösung 11.3.03

1

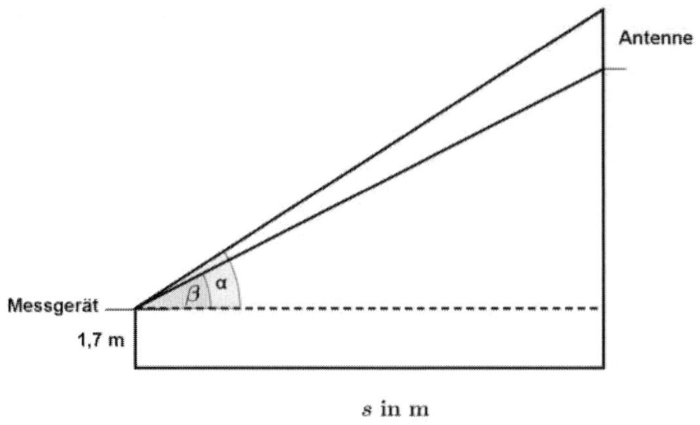

2 $h = s \cdot (\tan\alpha - \tan\beta)$

Lösung 11.3.04

1 Aus dem Plan liest man die Länge der Seite a mit 9 cm ab.
Dies entspricht einer tatsächlichen Länge von 54 m.

2 Cosinussatz: $f = \sqrt{a^2 + d^2 - 2 \cdot a \cdot d \cdot \cos(\alpha_1 + \alpha_2)}$

3 Aussage 1 ist richtig.

Lösung 11.3.05

1 $x = \frac{2}{\sin(113{,}66°)} \cdot \sin(180° - 113{,}66° - 24{,}2°) = 1{,}465\ldots \approx 1{,}47$

Die Seitenlänge x beträgt rund 1,47 m.

2 $\sin\alpha = \frac{h}{x} \Rightarrow x = \frac{h}{\sin\alpha}$

3 $A = \frac{2 \cdot x \cdot \sin\alpha}{2} = 0{,}600\ldots \approx 0{,}60$

Der Flächeninhalt beträgt 0,60 m².

Lösung 11.3.06

1 Verschiebt man die Höhe h_x in den Eckpunkt D, so entsteht ein rechtwinkeliges Dreieck, in dem gilt:

$\sin(180° - \beta) = \sin\beta = \frac{h_x}{y} \Rightarrow h_x = y \cdot \sin\beta$

$A = x \cdot y \cdot \sin\beta$

2 $x = \frac{A}{y \cdot \sin\beta} = 98{,}198\ldots \approx 98{,}20$

Die Länge der Seite x beträgt rund 98,20 m.

3 $\overline{BD} = \sqrt{x^2 + y^2 - 2 \cdot x \cdot y \cdot \cos(180° - \beta)} = 78{,}685\ldots \approx 78{,}69$

Die Diagonale BD hat eine Länge von rund 78,69 m.

4 $\frac{3 \cdot x \cdot \frac{1}{2} \cdot h_x}{x \cdot h_x} = 1{,}5 = 150\ \%$

Der Flächeninhalt nimmt um 50 % zu.

11.5 Vermessungsaufgaben

Lösung 11.5.01

1 Skizze:

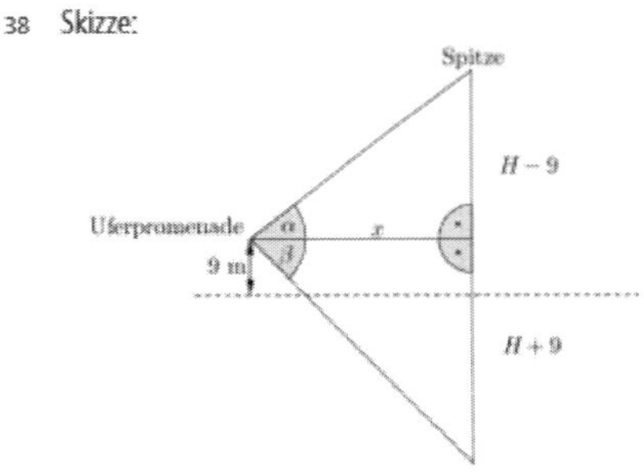

2 $\tan\alpha = \frac{H-9}{x} \qquad \tan\beta = \frac{H+9}{x}$

$$H = 9 \cdot \frac{\tan\alpha + \tan\beta}{\tan\beta - \tan\alpha} = 43{,}83 \text{ m}$$

3 Man setzt nun in den ersten bzw. zweiten Tangensausdruck die berechnete Höhe *H* ein und formt auf die Breite *x* um.

Lösung 11.5.02

1 siehe Skizze:

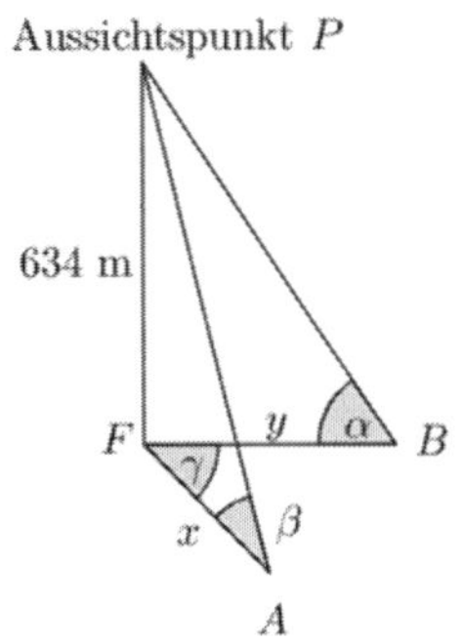

2 $\tan\alpha = = \frac{634}{x} \rightarrow \text{x} = \frac{634}{\tan\alpha} = 919{,}04 \text{ m}$

$\tan\beta = \frac{634}{y} \rightarrow y = \frac{634}{\tan\beta} = 1\,317{,}35 \text{ m}$

Lösung 11.5.03

1 Von dem Aussichtspunkt F sieht man den Startplatz des Wetterballons unter dem Tiefenwinkel $\beta = 21°$ und den Wetterballon unter dem Höhenwinkel $\alpha = 12{,}9°$. Der Aussichtspunkt F ist 405 m über dem Startplatz.

2 $\tan\beta = \frac{405}{y} \rightarrow y = \frac{405}{\tan\beta} = 1\,055{,}06$ m

$\tan\alpha = \frac{z}{y} \rightarrow z = y \cdot \tan\alpha = 241{,}64$ m

$h = z + 405 = 646{,}64$ m

3 $h(t) = 132 \cdot t$ $\quad h(t)$ in m, $\quad t$ in min

4 Graph:

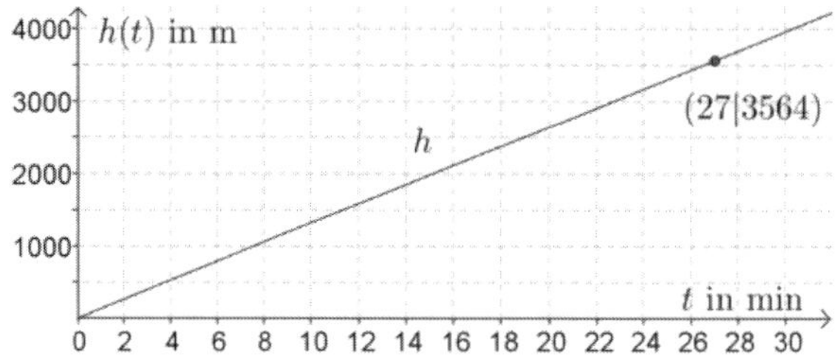

5 3 564 m

Lösung 11.5.04

1 Grafik:

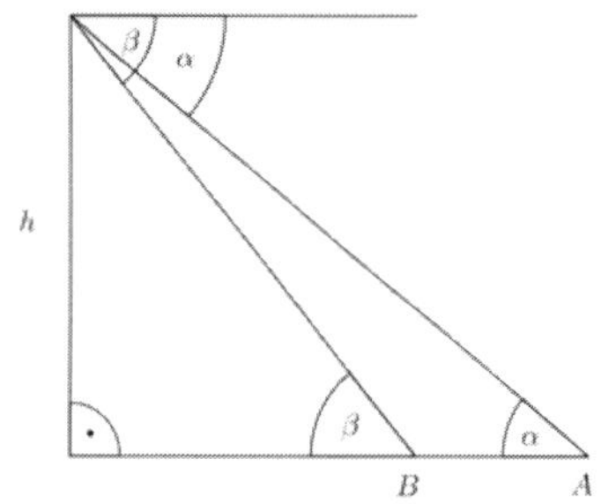

2 1. Schritt: Berechnung der horizontalen Entfernung des Ortes A vom Aussichtsrestaurant:

$\tan\alpha = \frac{h}{x} \Rightarrow x = \frac{h}{\tan\alpha}$

2. Schritt: Berechnung der horizontalen Entfernung des Ortes B vom Aussichtsrestaurant:

$\tan\beta = \frac{h}{y} \Rightarrow y = \frac{h}{\tan\beta}$

3. Schritt: Längsausdehnung des Sees: $x - y$

Lösung 11.5.05

1 Grafik:

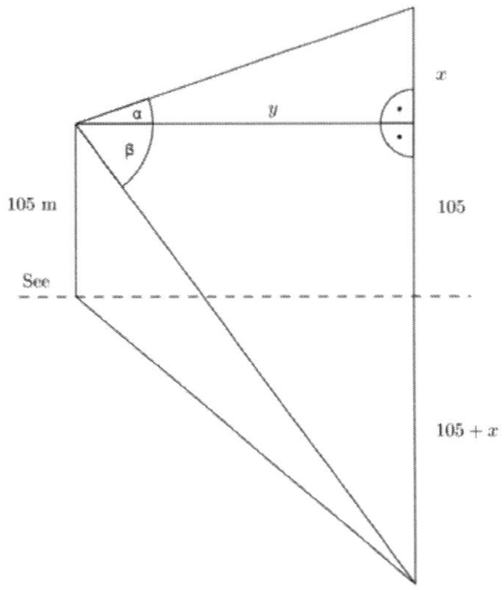

2 $\tan\alpha = \frac{x}{y} \cdot x = y \cdot \tan\alpha$

$\tan\beta = \frac{210 + x}{y} \Rightarrow 210 + x = y \cdot \tan\beta$

$210 + y \cdot \tan\alpha = y \cdot \tan\beta \Rightarrow y \approx 810{,}07$ m; $x \approx 755{,}40$ m

Die relative Höhe des Berges: $h = x + 105 = 860{,}40$ m

3

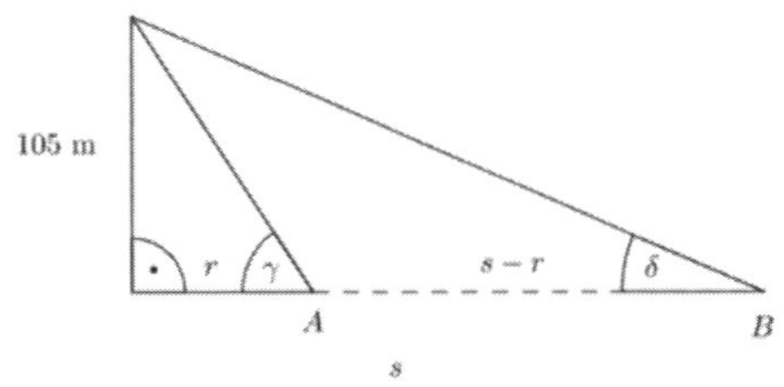

$\tan\gamma = \frac{105}{r} \Rightarrow r = 48{,}96$ m

$\tan\delta = \frac{105}{s} \Rightarrow s = 797{,}55$ m

Länge des Sees: $l = s - r = 748{,}59$ m

Lösung 11.5.06

1 Skizze:

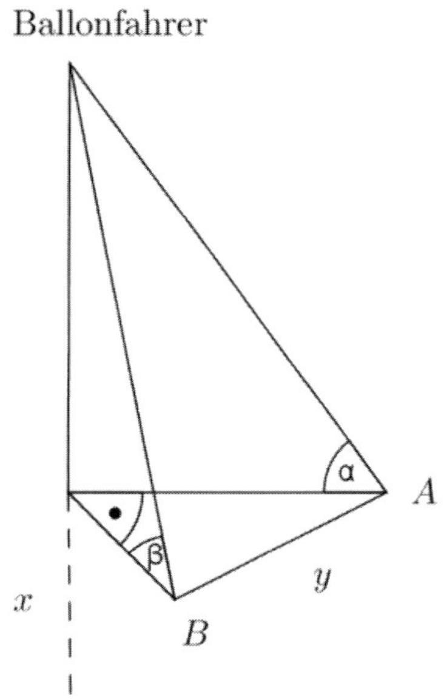

2 $\tan \alpha = \frac{h - x}{z} \cdot z = \frac{h - x}{\tan a}$

3 $\tan \beta = \frac{820}{s} \Rightarrow s = 6\,348{,}35$ m

12 Vektoren in der Ebene (im $\mathbb{R}_2$) … (Deskriptor B_P_2.1)

12.1 Zahlenpaare

Lösung 12.1.01

1 $V_1 = \begin{pmatrix} 213 \\ 156 \end{pmatrix}$ $V_2 = \begin{pmatrix} 205 \\ 233 \end{pmatrix}$

2 $S_1 = \begin{pmatrix} 418 \\ 389 \end{pmatrix}$

Lösung 12.1.02

1 $K = \begin{pmatrix} 114 \\ 225 \end{pmatrix}$

2 $L = \begin{pmatrix} 876 \\ 657 \end{pmatrix}$

3 $B = \begin{pmatrix} 68 \\ 45 \end{pmatrix}$

12.2 Rechenoperationen für Vektoren

Lösung 12.2.01

1 $Z = C + D = \begin{pmatrix} 28 \\ 17 \end{pmatrix} + \begin{pmatrix} 39 \\ 23 \end{pmatrix} = \begin{pmatrix} 67 \\ 40 \end{pmatrix}$

2 $M = D - C = \begin{pmatrix} 39 \\ 23 \end{pmatrix} - \begin{pmatrix} 28 \\ 17 \end{pmatrix} = \begin{pmatrix} 11 \\ 6 \end{pmatrix}$

Lösung 12.2.02

1 $V = 1{,}35 \cdot E$

2 $V = 1{,}35 \cdot \begin{pmatrix} e_1 \\ e_2 \end{pmatrix} = \begin{pmatrix} 1{,}35 \cdot e_1 \\ 1{,}35 \cdot e_2 \end{pmatrix}$

3 $Z = 1{,}20 \cdot V$

4 $Z = 1{,}20 \cdot \begin{pmatrix} 1{,}35 \cdot e_1 \\ 1{,}35 \cdot e_2 \end{pmatrix} = \begin{pmatrix} 1{,}62 \cdot e_1 \\ 1{,}62 \cdot e_2 \end{pmatrix}$

5 $\begin{pmatrix} 1{,}62 \cdot e_1 \\ 1{,}62 \cdot e_2 \end{pmatrix} = \begin{pmatrix} 1{,}79 \\ 1{,}89 \end{pmatrix} \Rightarrow E \approx \begin{pmatrix} 1{,}10 \\ 1{,}17 \end{pmatrix}$

Lösung 12.2.03

1 $B_{neu} = \begin{pmatrix} 1\,500 \\ 1\,618 \end{pmatrix}$

2 $B_{Pro} = \begin{pmatrix} 1\,479 \\ 1\,599{,}36 \end{pmatrix}$

3 $D = B_{Pro} - B_{neu} = \begin{pmatrix} -21 \\ -18{,}64 \end{pmatrix}$

12.4 Skalarprodukt von Vektoren

Lösung 12.4.01

1 $S = \begin{pmatrix} 245 \\ 135 \end{pmatrix}$

2 $P = \begin{pmatrix} 35{,}00 \\ 52{,}00 \end{pmatrix}$

3 $S \cdot P = \begin{pmatrix} 35{,}00 \\ 52{,}00 \end{pmatrix} \cdot \begin{pmatrix} 245 \\ 135 \end{pmatrix} = 245 \cdot 35{,}00 + 135 \cdot 52{,}00 = 15\,595{,}00$

4 Das skalare Produkt $S \cdot P$ berechnet den Gesamtpreis der bestellten Kartons.

Lösung 12.4.02

1 $A = \begin{pmatrix} 95 \\ 35 \end{pmatrix}$

2 $M = \begin{pmatrix} 10 \\ 50 \end{pmatrix}$

3 $A \cdot M = \begin{pmatrix} 95 \\ 35 \end{pmatrix} \cdot \begin{pmatrix} 10 \\ 50 \end{pmatrix} = 95 \cdot 10 + 35 \cdot 50 = 2\,700$

4 Das skalare Produkt $A \cdot M$ gibt die Gesamtmasse der beiden Sorten in kg an.

Lösung 12.4.03

1 $A \cdot M = \begin{pmatrix} 5 \\ a_2 \end{pmatrix} \cdot \begin{pmatrix} 25 \\ 45 \end{pmatrix} = 5 \cdot 25 + a_2 \cdot 45 = 395 \Rightarrow a_2 = 6$

Auf dem LKW werden 6 Fässer befördert.

Lösung 12.4.04

1 $B = 1{,}2 \cdot P$

2 $B = 1{,}2 \cdot \begin{pmatrix} 2\,100 \\ 550 \end{pmatrix} = \begin{pmatrix} 2\,520 \\ 660 \end{pmatrix}$

3 $E = 1{,}22 \cdot P$

4 $E = 1{,}22 \cdot \begin{pmatrix} 2\,100 \\ 550 \end{pmatrix} = \begin{pmatrix} 2\,562 \\ 671 \end{pmatrix}$

12.5 Geometrische Darstellung von Vektoren, Rechenoperationen

Lösung 12.5.2.01

1 $C = (3|11)$ $D = (0|1)$ $\overrightarrow{CD} = \begin{pmatrix} 0 \\ 1 \end{pmatrix} - \begin{pmatrix} 3 \\ 11 \end{pmatrix} = \begin{pmatrix} -3 \\ -10 \end{pmatrix}$

$\left|\overrightarrow{CD}\right| = \sqrt{(-3)^2 + (-10)^2} = 10{,}440\ldots \approx 10{,}44$

Die Strecke CD hat eine Länge von ca. 10,44 km.

2

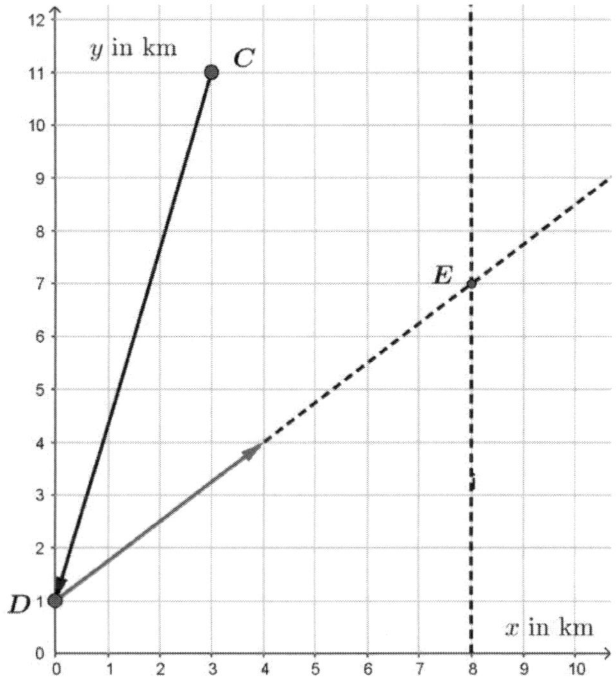

3 Mit dem Ausdruck $(\overrightarrow{CD} + \overrightarrow{DE})$ wird der Vektor $\overrightarrow{CE}$ dargestellt. Das Minus davor gibt den Gegenvektor, also den Vektor $\overrightarrow{EC}$ an.

Lösung 12.5.2.02

1 Abb. 1: Die Fähre fährt normal zur Fließrichtung des Flusses. Die Strömung bewirkt, dass das Boot um den Winkel α abgetrieben wird.

Abb. 2: Die Fähre steuert unter dem Winkel β zur Richtung CD und erreicht auf diese Weise die Anlegestelle D auf kürzestem Weg.

2 Berechnung des Winkels β:

$\sin\beta = \frac{v_S}{v_B} = \frac{1{,}7}{3} = 0{,}566\ldots$ $\beta = \sin^{-1}(0{,}566\ldots) \approx 34{,}52°$

Der Steuermann muss unter dem Winkel 34,52° gegensteuern, um genau in der Anlegestelle D zu landen.

3 Der Vektor in Richtung CD lässt sich folgendermaßen berechnen: $\overrightarrow{CD} = \vec{v}_B + \vec{v}_S$

Da die Strömung im rechten Winkel zu CD liegt, kann mithilfe des Pythagoräischen Lehrsatzes der Betrag der Geschwindigkeit berechnet werden:

$v = \sqrt{v_B^{\,2} - v_S^{\,2}} = \sqrt{3^2 - 1{,}7^2} = 2{,}471 \approx 2{,}47\ \text{m/s}$

$t = \frac{s}{v} = \frac{190}{2{,}471\ldots} = 76{,}865\ldots \approx 76{,}87\ \text{s}$

Die Überfahrt dauert ca. 76,87 s.

Lösung 12.5.3.01

1 $C = (2{,}5|3{,}5)$

2 $\overrightarrow{CE} = \begin{pmatrix} 8 \\ 1 \end{pmatrix} \begin{pmatrix} -2{,}5 \\ -3{,}5 \end{pmatrix} = \begin{pmatrix} 5{,}5 \\ -2{,}5 \end{pmatrix}$

3

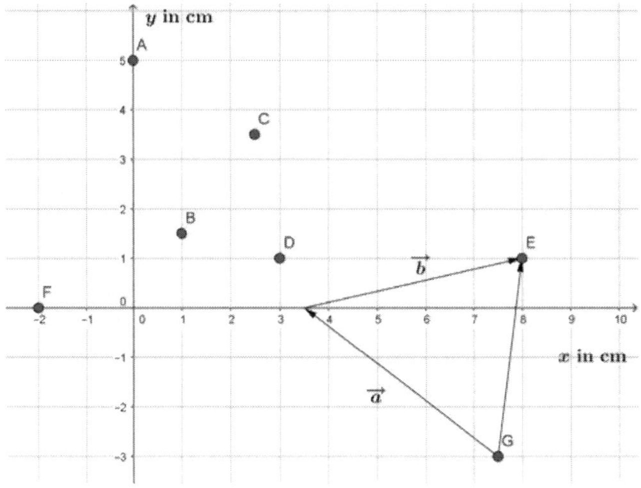

$\overrightarrow{GE} = \begin{pmatrix} 0{,}5 \\ 4 \end{pmatrix}$

4 $|\overrightarrow{FD}| = \sqrt{(3-(-2))^2 + (1-0)^2} = \sqrt{26} = 5{,}099\ldots \approx 5{,}10$

Der Vektor $\overrightarrow{FD}$ hat eine Länge von 5,10 cm.

5

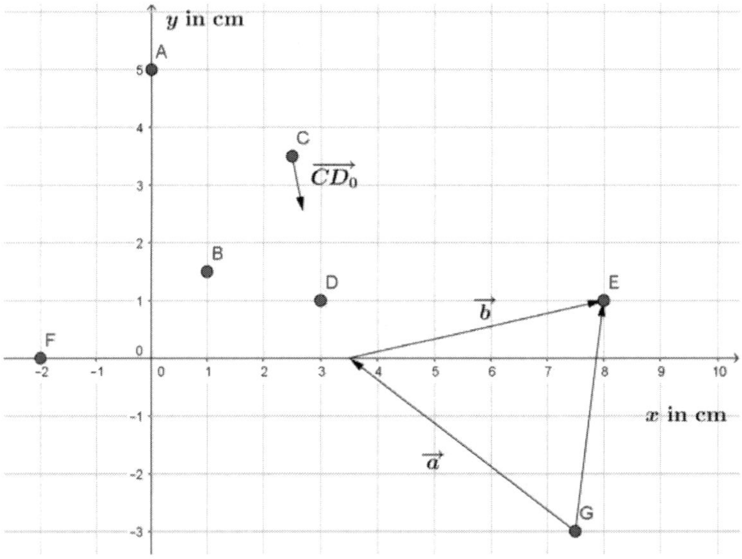

6 In einem ersten Schritt berechnet man die Koordinaten des Vektors:

$\overrightarrow{CD} = \begin{pmatrix} d_1 - c_1 \\ d_2 - c_2 \end{pmatrix}$

Dann berechnet man die Länge des Vektors: $\sqrt{(d_1 - c_1)^2 + (d_2 - c_2)^2}$

$\overrightarrow{CD}_0 = \frac{1}{|\overrightarrow{CD}|} \cdot \overrightarrow{CD}$

Lösung 12.5.3.02

1 $\overrightarrow{LR} = \begin{pmatrix} 0 \\ 3 \end{pmatrix} - \begin{pmatrix} 6 \\ 4 \end{pmatrix} = \begin{pmatrix} -6 \\ -1 \end{pmatrix}$

2 Die Brieftaube ist in Freistadt zuhause.

3 $|\vec{a}| = \sqrt{1^2 + 5^2} = \sqrt{26} = 5{,}099\ldots \approx 5{,}10$

Die Brieftaube hat eine Strecke von ca. 51 km zurückgelegt.

4 Berechnung des Einheitsvektors von $\begin{pmatrix} 1{,}5 \\ -2{,}5 \end{pmatrix}$:

$$\frac{1}{\sqrt{1{,}5^2 + (-2{,}5)^2}} \cdot \begin{pmatrix} 1{,}5 \\ -2{,}5 \end{pmatrix}$$

Vektor Schärding – Ziel:

$$\frac{1}{\sqrt{1{,}5^2 + (-2{,}5)^2}} \cdot \begin{pmatrix} 1{,}5 \\ -2{,}5 \end{pmatrix} \cdot 8{,}764 = 3 \cdot \begin{pmatrix} 1{,}5 \\ -2{,}5 \end{pmatrix} = \begin{pmatrix} 4{,}5 \\ -7{,}5 \end{pmatrix}$$

5 $\vec{a} \cdot \vec{b} = -28 - 5 \cdot h = 0 \Rightarrow h = -5{,}6$

6 $\cos\alpha = \dfrac{\vec{a} \cdot \vec{b}}{|\vec{a}| \cdot |\vec{b}|} = \dfrac{0}{\sqrt{41} \cdot \sqrt{80{,}36}} = 0 \Rightarrow \alpha = 90°$

13 Folgen (Deskriptor B_P_3.2)

13.1 Arithmetische und geometrische Folgen

Lösung 13.1.01

1 $T_1 \approx 8{,}64\,°C; T_2 \approx 10{,}91\,°C; T_3 \approx 12{,}73\,°C; T_4 \approx 14{,}18\,°C; T_5 \approx 15{,}35\,°C$

2 Es liegt weder eine arithmetische noch geometrische Folge vor, weil es keinen konstanten Wert bzw. konstanten Faktor gibt, um den sich die Folgenglieder unterscheiden.

3 $18 = 20 - 14{,}2 \cdot 0{,}8^n$

Lösung mit dem TR: $n = 8{,}784\ldots \approx 9$

Nach ca. 9 Minuten hat das Getränk eine Temperatur von mehr als 18 °C.

4 Wenn n immer größer wird, geht der zu subtrahierende Teil gegen 0, und der Wert nähert sich 20 an.

Lösung 13.1.02

1 $a = 21 \qquad b = 21 + d \qquad c = 21 + 2 \cdot d$

Pythagoräischer Lehrsatz: $21^2 + (21 + d)^2 = (21 + 2 \cdot d)^2$

Lösung mit dem TR: $d_1 = 7 \ (d_2 = -21)$

$a = 21 \quad b = 28 \quad c = 35 \Rightarrow u = 84$

Der Umfang des Dreiecks beträgt 84 m.

2 $\tan\alpha = \frac{21}{28} \Rightarrow \alpha = 36{,}869\ldots \approx 36{,}87°$

$\beta = 90° - 36{,}87° = 53{,}13°$

3 $a = 32 - d \qquad b = 32 \qquad c = 32 + d$

Pythagoräischer Lehrsatz: $(32 - d)^2 + 32^2 = (32 + d)^2$

Lösung mit dem TR: $d = 8$

$a = 24 \quad b = 32 \quad c = 40 \Rightarrow A = 384$

Der Flächeninhalt des Dreiecks beträgt 384 m^2.

4 $A = \frac{c \cdot h_c}{2} \Rightarrow h_c = \frac{2 \cdot A}{c}$

5 $a = 45 - 2 \cdot d \qquad b = 45 - d \qquad c = 45$

Pythagoräische Lehrsatz: $(45 - 2 \cdot d)^2 + (45 - d)^2 = 45^2$

Lösung mit dem TR: $d_1 = 9 \ (d_2 = 45)$

$a = 27 \quad b = 36 \quad c = 45 \Rightarrow u = 108$

Es müssen $3 \cdot 108 = 324$ m Drahtzaun gekauft werden.

6 $P = 324 \cdot a \cdot 1{,}2 \cdot 0{,}98$

Lösung 13.1.03

1 $b_0 = 3$ $q = 2$ $b_n = 3 \cdot 2^n$

2 In 2 Stunden finden 6 Teilungen statt.

$b_6 = 3 \cdot 2^6 = 192$

Nach 2 Stunden gibt es bereits 192 Bakterien.

3

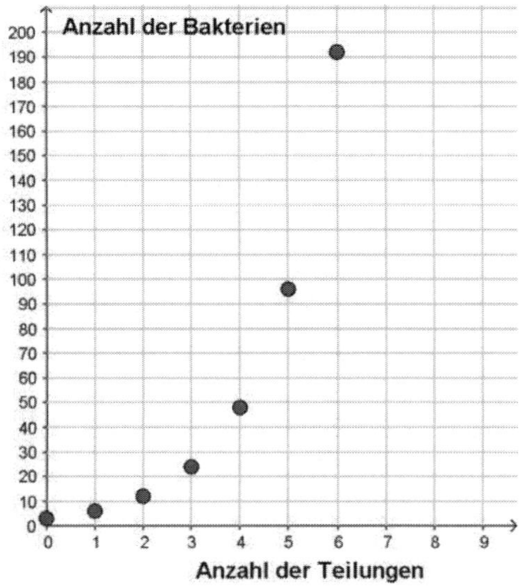

Lösung 13.1.04

1 $K_n = K_0 \cdot \left(1 + \frac{p}{100}\right)^n = 2\,500 \cdot 1{,}012^n$

2 $K_5 = 2\,500 \cdot 1{,}012^5 = 2\,653{,}643\ldots \approx 2\,653{,}64$

Das Kapital ist in den 5 Jahren auf € 2 653,64 angewachsen.

3 Effektiver Zinssatz: $p_{\text{eff}} = 0{,}75 \cdot 1{,}2 = 0{,}9\,\%$

$K_5 = 2\,500 \cdot 1{,}009^5 = 2\,614{,}543\ldots \approx 2\,614{,}54$

Unter Berücksichtigung der Kapitalertragssteuer erhält man nach den 5 Jahren € 2 614,54.

14 Differenzialrechnung

14.1 Grenzwerte von Funktionen (Deskriptor 4.1)

Lösung 14.1.01

a) **1** $D = \mathbb{R} \setminus \{1\}$

2 Graph:

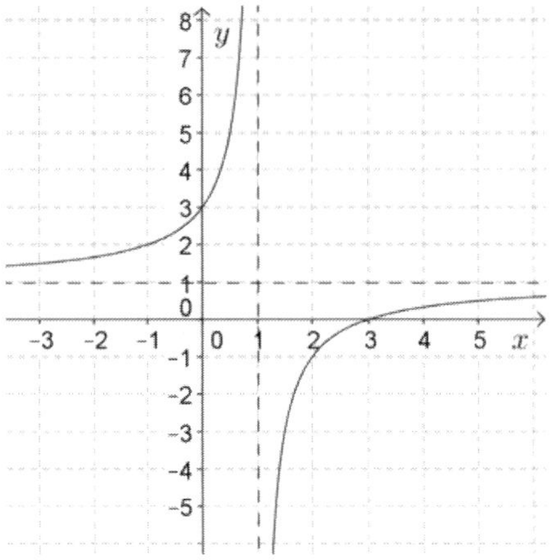

3 $\lim\limits_{x\to 1^-} f_1(x) = +\infty, \lim\limits_{x\to 1^+} f_1(x) = -\infty$

4 $\lim\limits_{x\to -\infty} f_1(x) = 1, \lim\limits_{x\to +\infty} f_1(x) = 1$

b) **1** $D = \mathbb{R} \setminus \{\pm 2\}$

2 Graph:

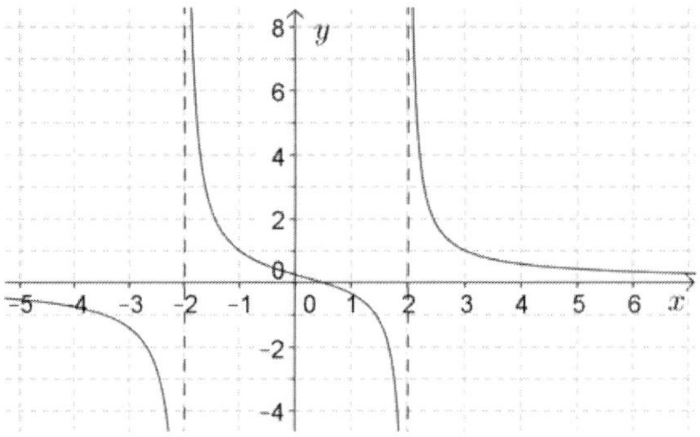

3 $\lim\limits_{x\to -2^-} f_2(x) = \lim\limits_{x\to 2^-} f_2(x) = -\infty$

$\lim\limits_{x\to -2^+} f_2(x) = \lim\limits_{x\to 2^+} f_2(x) = \infty$

4 $\lim\limits_{x\to -\infty} f_2(x) = 0, \lim\limits_{x\to +\infty} f_2(x) = 0$

c) **1** $D = \mathbb{R} \setminus \left\{-\frac{3}{2}\right\}$

2 Graph:

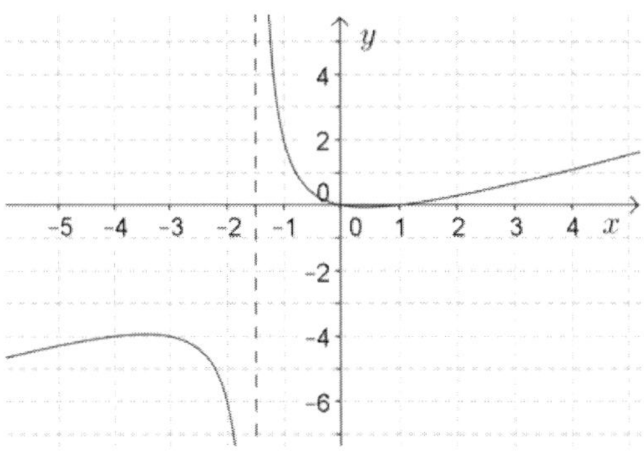

Lösung 14.1.01

d) 3 $\lim\limits_{x \to -1{,}5^-} f_3(x) = -\infty$, $\lim\limits_{x \to -1{,}5^+} f_3(x) = +\infty$

4 $\lim\limits_{x \to -\infty} f_3(x) = -\infty$, $\lim\limits_{x \to +\infty} f_3(x) = +\infty$

e) 1 $D = \mathbb{R} \setminus \{\pm 3\}$

2 Graph

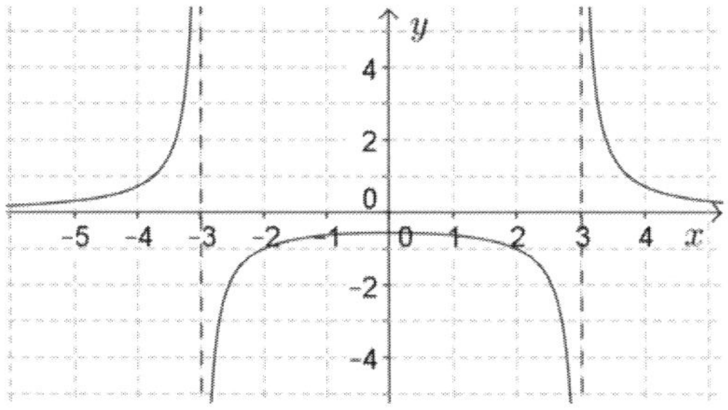

3 $\lim\limits_{x \to -3^-} f_4(x) = \lim\limits_{x \to 3^+} f_4(x) = +\infty$

$\lim\limits_{x \to -3^+} f_4(x) = \lim\limits_{x \to 3^-} f_4(x) = -\infty$

4 $\lim\limits_{x \to -\infty} f_4(x) = 0$, $\lim\limits_{x \to +\infty} f_4(x) = 0$

Der Limesterm beschreibt, wohin sich der y-Wert von f_2 bewegt, wenn sich x dem Wert 1 nähert.

Die Feststellung ist falsch, da $f_4(1) = -\frac{5}{8}$ ist. Die Funktion f_4 ist an der Stelle $x = 1$ stetig.

14.2 Differenzenquotient und Differenzialquotient (Deskriptor 4.2)

Lösung 14.2.1.01

1 $\frac{\triangle p}{\triangle x} = \frac{p(2\,020) - p(997)}{2\,020 - 997} = \frac{789{,}51 - 894{,}62}{1\,023} = -0{,}10 \frac{\text{hPa}}{\text{m}}$

2 $\frac{\triangle p}{\triangle t} = \frac{p(2\,020) - p(997)}{6} = \frac{789{,}51 - 894{,}62}{6} = -17{,}52 \frac{\text{hPa}}{\text{min}}$

Lösung 14.2.1.02

1 Graph:

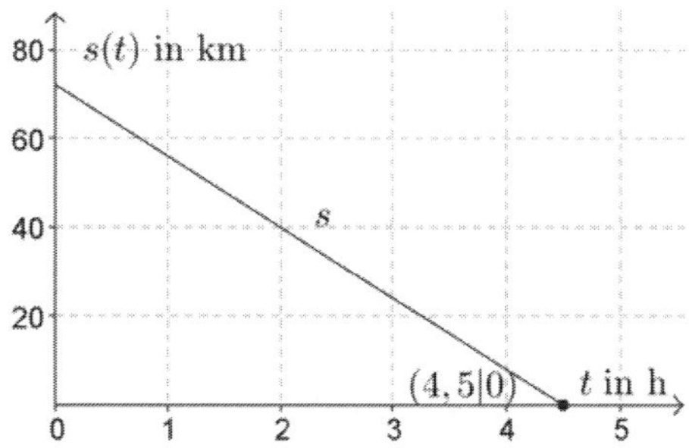

2 4,5 h

3 $v = \frac{\triangle s}{\triangle t} = -\frac{72}{4{,}5} = -16$ km/h; oder durch Ablesen aus der Funktionsgleichung

Lösung 14.2.1.03

Aussage 2 ist richtig.

Lösung 14.2.2.01

1 $v = \frac{\triangle h}{\triangle t} = \frac{h(2) - h(0)}{2} = \frac{52}{2} = 26\ \text{m/s}$

2 $v = \frac{h(z) - h(3)}{z - 3}$

3 Mithilfe dieses Limesausdruckes berechnet man die Momentangeschwindigkeit nach 3 s.

4 $h'(3) = \lim\limits_{z \to 3} \frac{(36 \cdot z - 5 \cdot z^2) - (36 \cdot 3 - 5 \cdot 3^2)}{z - 3} = \lim\limits_{z \to 3} \frac{36 \cdot (z - 3) - 5(z^2 - 9)}{z - 3} =$

$\lim\limits_{z \to 3}(36 - 5 \cdot (z + 3)) = 6\ \text{m/s}$

Lösung 14.2.2.02

1 $v_1 = \frac{s(1{,}1) - s(0{,}5)}{0{,}6} = 5{,}94\ \text{km/s}$

$v_2 = \frac{s(0{,}6) - s(0{,}5)}{0{,}1} = 5{,}115\ \text{km/s}$

$v_3 = \frac{s(0{,}500\,1) - s(0{,}5)}{0{,}000\,1} = 4{,}95\ \text{km/s}$

2 $s(t) = 11{,}5 \rightarrow t = 1{,}82\ \text{s}$

3 Berechnet die erste Ableitung mithilfe des Differentialquotienten an der Stelle 1,82.

4 $s'(1{,}82) = 9{,}316\ \text{km/s}$

Lösung 14.2.2.03

1 $V(t) = 0 \rightarrow t = 12{,}5\ \text{s}$

2 $\bar{v}_V = \frac{V(u) - V(t)}{u - t}$

u in s	3,5	3,1	3,01	3,001
3 $\overline{v_v}$ in L/s	–74	–75,6	–75,96	–75,996

4 $V'(3) = -76\ \text{L/s}$

5 $\frac{V(3{,}001) - V(3)}{V(3)} \cdot 100\ \%$

Lösung 14.2.2.04

1 Graph:

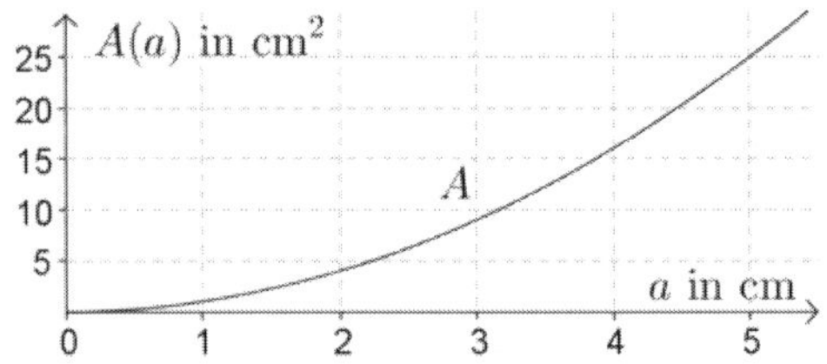

2 $\bar{A} = \frac{A(8) - A(5)}{8 - 5}$

3 $\frac{A(8) - A(5)}{A(5)} \cdot 100\ \% = \frac{(64 - 25)}{25} \cdot 100\ \% = 156\ \%$

4 $\lim\limits_{\Delta a \to 0} \frac{(a_1 + \Delta a)^2 - a_1^2}{\Delta a} = \lim\limits_{\Delta a \to 0} \frac{(a_1^2 + 2a_1 \Delta a + \Delta a_1^2) - a_1^2}{\Delta a} = 2a_1$

Lösung 14.2.2.05

1 Graph:

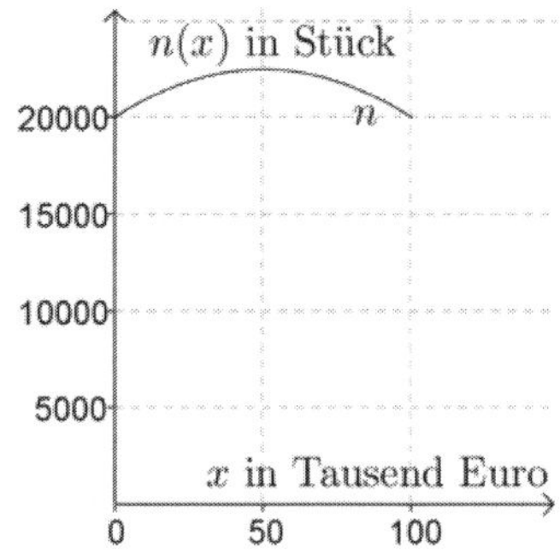

2 $\frac{n(60) - n(30)}{60 - 30} = 10$ Stück/Tausend Euro

3 $n'(50) = 0$

Lösung 14.2.2.06

1 Graph:

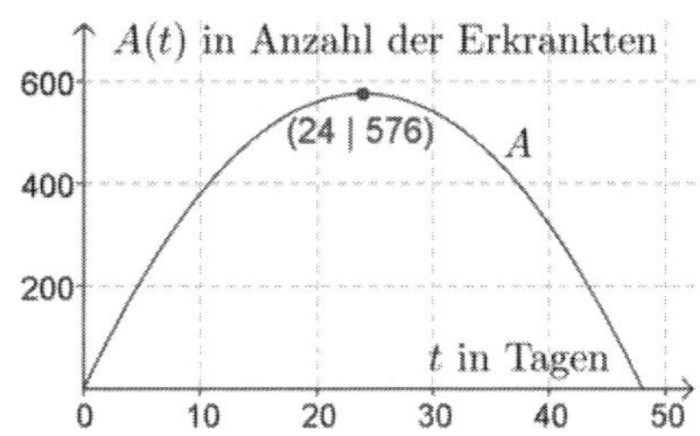

2 $\frac{A(20) - A(5)}{A(5)} \cdot 100\ \%$

3 $\frac{A(30) - A(15)}{30 - 15} = 3$ Erkrankte pro Tag

4 $A'(t) = \lim\limits_{\Delta t \to 0} \frac{A(t + \Delta t) - A(t)}{\Delta t} = 48 - 2 \cdot t$

5 Das Maximum wird am 24. Tag erreicht. Am 25. Tag ist der Höhepunkt überschritten.

Lösung 14.2.2.07

1 Graph:

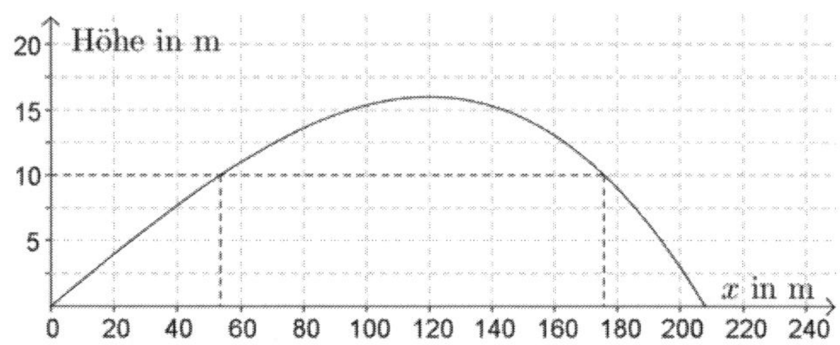

2 Mögliche Standpunkte: siehe Graph

3 Die möglichen Entfernungen sind ca. 53 m bzw. 175 m.

4 Beim Eintauchen des Balles ist die Höhe null. Zuerst berechnet man die Nullstelle mit der Gleichung $h(x_1) = 0$. Dann rechnet man daraus x_1 aus. Nun verwendet man die Beziehung $h'(x_1) = k = \tan\alpha$ und formt auf α um. $\alpha = \arctan\left(h'(x_1)\right)$

Lösung 14.2.2.08

Aussage 3 ist richtig.

Lösung 14.2.2.09

1 Aussage 4 ist richtig.

2 linke Seite: $f(x_2 - x_1) = 2 \cdot x_2 + 4 - (2 \cdot x_1 + 4) = 2 \cdot (x_2 - x_1)$

rechte Seite: $f'(x) \cdot (x_2 - x_1) = 2 \cdot (x_2 - x_1)$

14.3 Ableitungsregeln (Deskriptor 4.3)

Lösung 14.3.01

a) $f'(x) = 3 \cdot x^2$

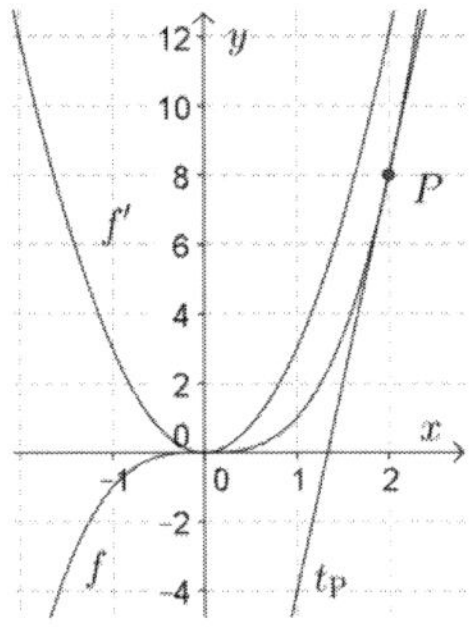

$t_P: y = 12 \cdot x - 16$

b) $f'(x) = \frac{3}{2 \cdot \sqrt{x}}$

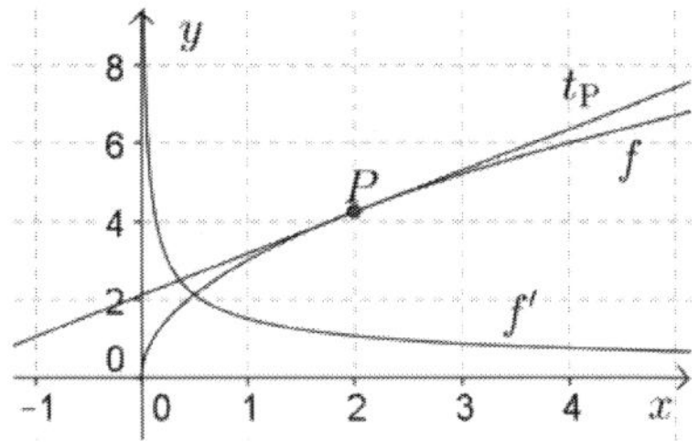

$t_P: y = 1{,}06 \cdot x + 2{,}12$

c) $f'(x) = -\frac{6}{x^4}$

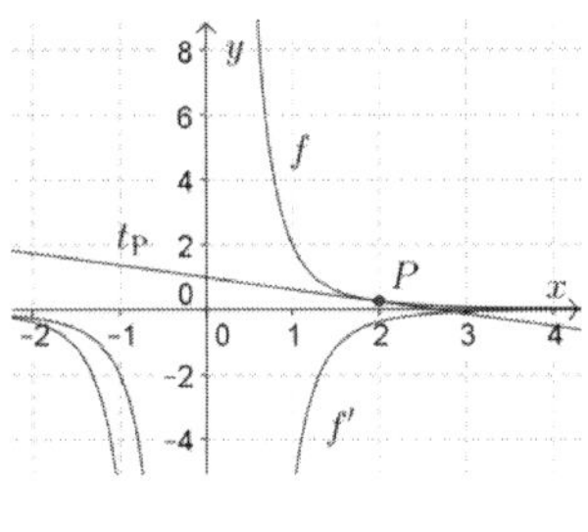

$t_P: y = -0{,}38 \cdot x + 1$

d) $f'(x) = 6 \cdot x$

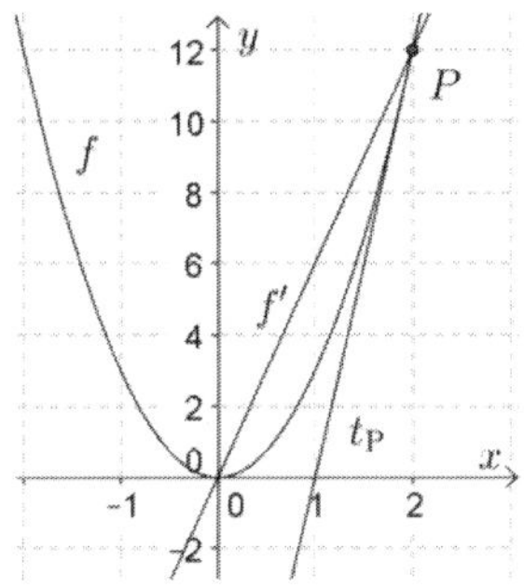

$t_P: y = 12 \cdot x - 12$

e) $f'(x) = \frac{\cos(x)}{2}$

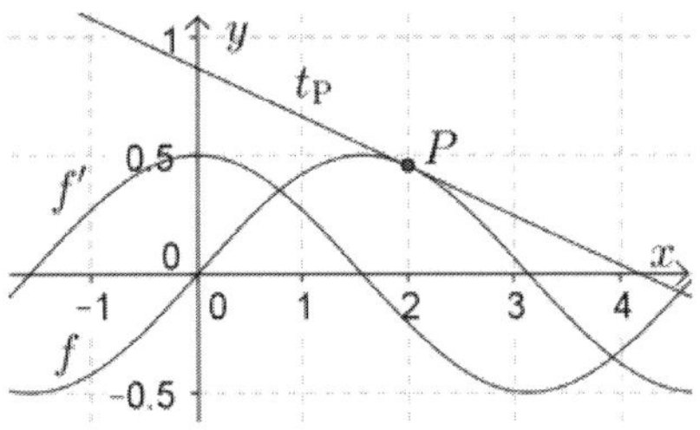

$t_P: y = -0{,}21 \cdot x + 0{,}87$

f) $f'(x) = \frac{6}{x^3}$

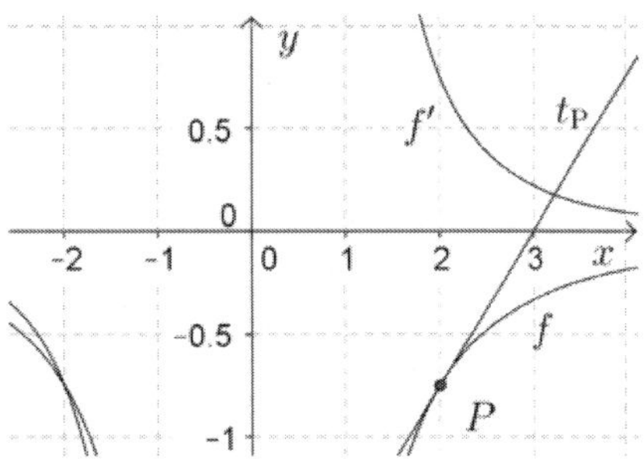

$t_P: y = 0{,}75 \cdot x - 2{,}25$

Lösung 14.3.01

g) $f'(x) = 3 \cdot x^2 + 1$

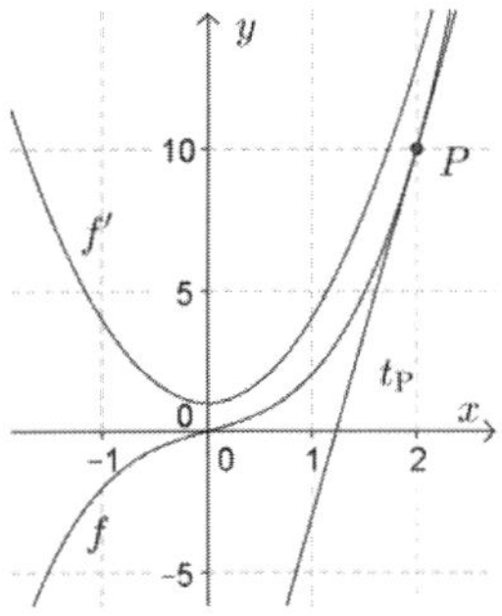

$t_P: y = 13 \cdot x - 16$

h) $f'(x) = 12 \cdot x^3 + \frac{2}{3 \cdot \sqrt[3]{x}}$

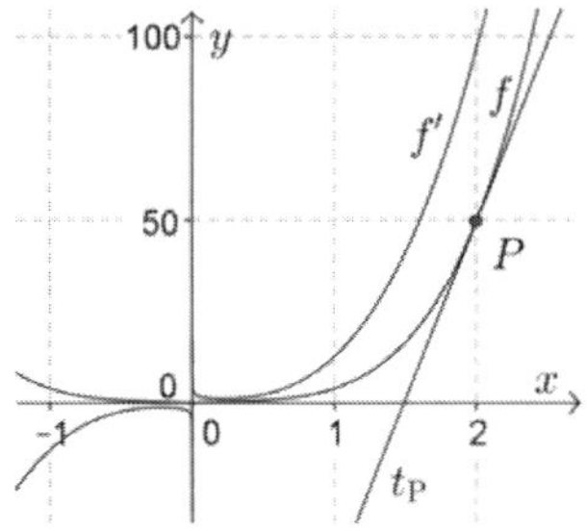

$t_P: y = 96{,}53 \cdot x - 143{,}47$

i) $f'(x) = \frac{3}{2} \cdot x^2 + \frac{1}{\sqrt{x^3}} - \frac{10}{x^3}$

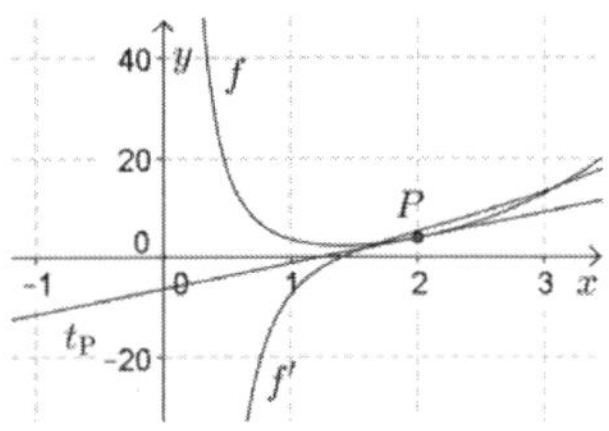

$t_P: y = 5{,}1 \cdot x - 6{,}37$

j) $f'(x) = \left(x^2 + \frac{3}{2} \cdot x - \frac{1}{2}\right) \cdot e^x$

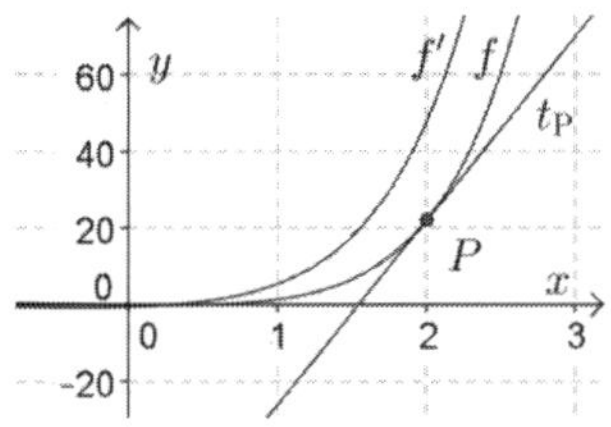

$t_P: y = 48{,}03 \cdot x - 73{,}89$

k) $f'(x) = 3 \cdot e^{3 \cdot x - 1}$

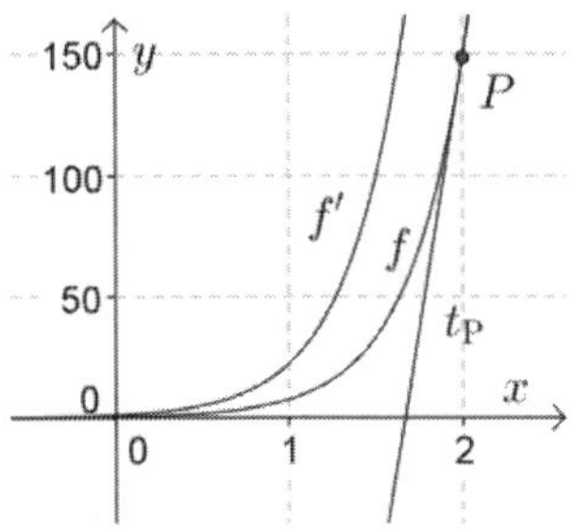

$t_P: y = 445{,}24 \cdot x - 742{,}07$

l) $f'(x) = \frac{x^2 - 1}{3 \cdot x^2}$

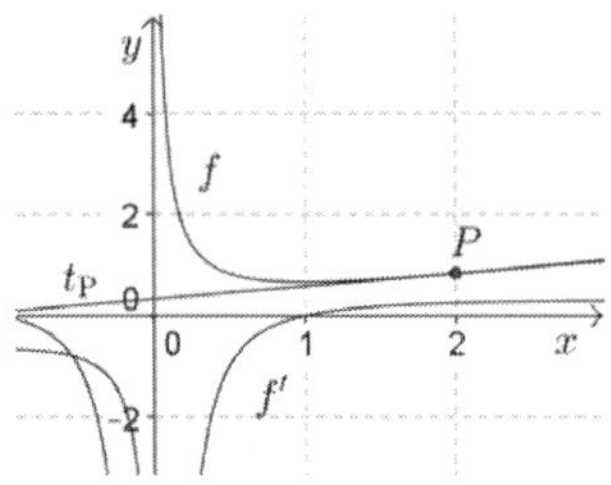

$t_P: y = \frac{1}{4} \cdot x + \frac{1}{3}$

Lösung 14.3.02

a) **1** $f'(x) = 12 \cdot x^2 + 6 \cdot x - 4$
2 $P_1(-1|2{,}75)$ $P_2(0{,}5|-1)$

b) **1** $f'(x) = \frac{3}{2} \cdot x^2 - 9 \cdot x + 9$
2 $P_1(1|5)$ $P_2(5|-5)$

c) **1** $f'(x) = 3 \cdot x^2 - 12 \cdot x + 6$
2 $P_1(1|4)$ $P_2(3|-6)$

d) **1** $f'(x) = 12 \cdot x^3 + 24 \cdot x^2 - 12 \cdot x$
2 $P_1(-2{,}25|-29{,}58)$ $P_2(-0{,}55|12{,}07)$ $P_3(0{,}80|16{,}51)$

Lösung 14.3.03

a) $g{:}y = -3 \cdot x + 6 \rightarrow k = -3$

$f'(x) = 3 \cdot x^2 - 12 \cdot x + 6 = -3 \rightarrow P_1(1|2) \quad P_2(3|-8)$

b) $g{:}y = \frac{9}{4} \cdot x - \frac{1}{4} \rightarrow k = \frac{9}{4}$

$f'(x) = 3 \cdot x^2 - 3 \cdot x - 3{,}75 = \frac{9}{4} \rightarrow P_1(-1|2{,}25) \quad P_2(2|-4{,}5)$

Lösung 14.3.04

1 Graph:

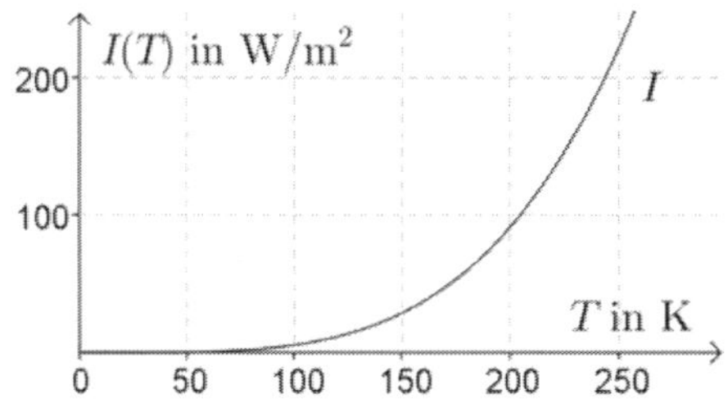

2 $I(285) = 373{,}95\ \mathrm{W/m^2}$

3 $\frac{I(285) - I(280)}{285 - 280} = \frac{373{,}95 - 348{,}39}{5} = 5{,}11 \frac{\mathrm{W}}{\mathrm{m^2 \cdot K}}$

4 $I'(286) = 5{,}30 \frac{\mathrm{W}}{\mathrm{m^2 \cdot K}}$

Lösung 14.3.05

1 Graph:

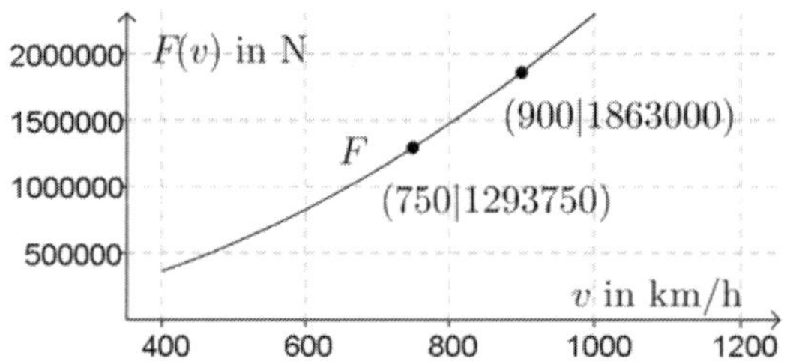

2 $\frac{F(900) - F(750)}{900 - 750} = 3\,795\ \mathrm{N/(km/h)}$

3 Der Limesausdruck beschreibt, wie sich der Strömungswiderstand *F* verhält, wenn sich *v* gegen 800 km/h annähert. Da die Funktion stetig ist, entspricht dies genau dem Wert *F*(800).

4 $F'(900) = 4\,140\ \mathrm{N/(km/h)}$

Lösung 14.3.06

1 $f'(x) = 0{,}9 \cdot (3 \cdot x^2 - 1) \rightarrow f'(2) = 9{,}9$

2 Graph:

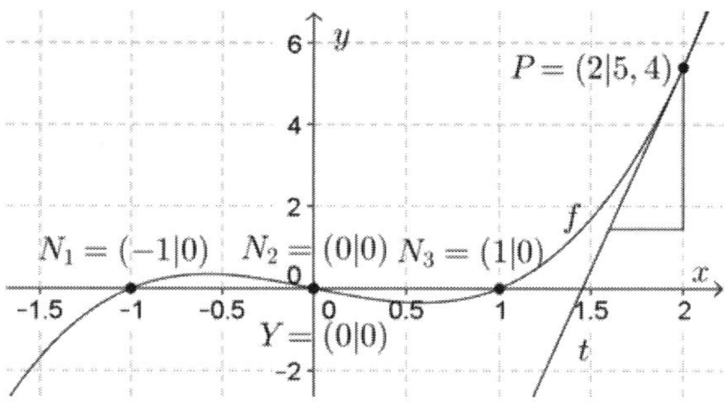

3 $k = \tan\alpha \rightarrow \alpha = \tan^{-1}(k)$

4 streng monoton steigend: $]-\infty;-0{,}58[$ und $]0{,}58;\infty[$
streng monoton fallend: $]-0{,}58;0{,}58[$

5 Schnittpunkte mit den Achsen: siehe Graph

6 Ja die Behauptung stimmt, denn es gilt:
$f(-x) = 0{,}9 \cdot (-x^3 + x) = -0{,}9 \cdot (x^3 - x) = -f(x)$

Lösung 14.3.07

1 Graph:

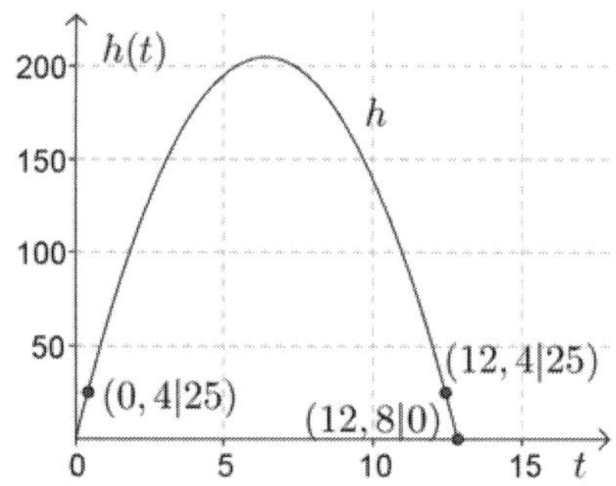

2 $t_1 = 0{,}4$ s; $t_2 = 12{,}4$ s

3 $h(t) = 0 \rightarrow t = 12{,}80$ s

4 Die Behauptung ist richtig, weil die Geschwindigkeit der ersten Ableitung entspricht und es gilt: $v(6{,}4) = h'(6{,}4) = 0$

Lösung 14.3.08

1 Graph:

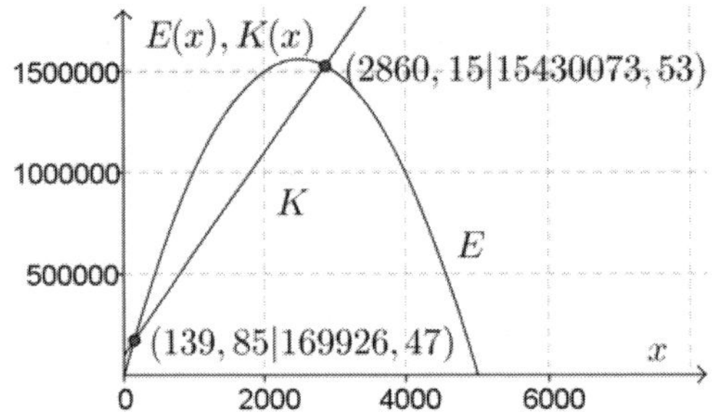

2 Schnittpunkte: siehe Graph

3 Beim Schnittpunkt sind die Kosten gleich groß wie der Erlös, das bedeutet, dass der Gewinn null ist.

4 $\frac{K(3\,200) - K(3\,000)}{3\,200 - 3\,000} = \frac{1\,700\,000 - 1\,600\,000}{200} = 500$ €/Stück

5 $\frac{E(2\,780) - E(2\,800)}{E(2\,800)} = \frac{1\,542\,900 - 1\,540\,000}{1\,540\,000} = 0{,}19$ %

6 $E'(2\,000) = 1250 - \frac{2\,000}{2} = 250$ €/Stück

14.4 Kurvendiskussion (Deskriptor 4.4)

Lösung 14.4.2.01

a) **1** und **2**

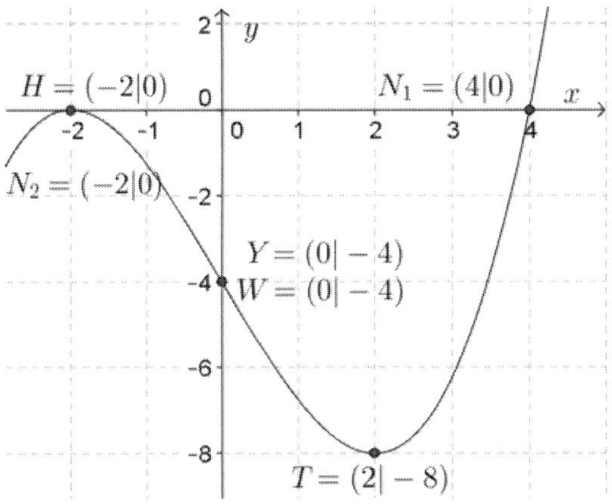

3 streng monoton steigend: $]-\infty; -2[$ und $]2; \infty[$

streng monoton fallend: $]-2; 2[$

rechts gekrümmt: $]-\infty; 0[$ links gekrümmt: $]0; \infty[$

4 $t_W: y = -3 \cdot x - 4$

5 $\alpha = \tan^{-1}(-3) = -71{,}57°$

Lösung 14.4.2.01

b) **1** und **2**

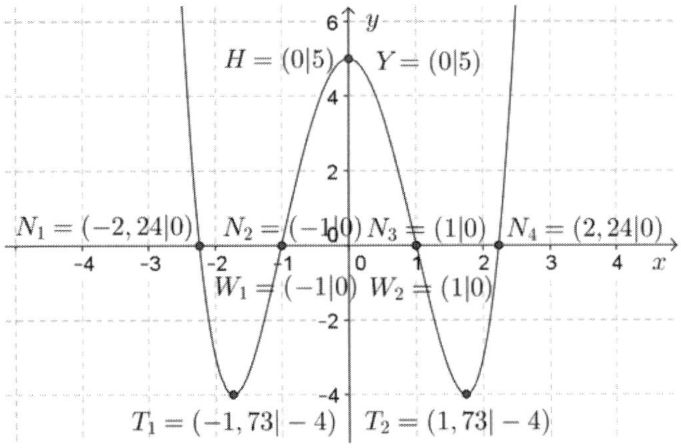

3 streng monoton steigend: $]-1{,}73; 0[$ und $]1{,}73; \infty[$
streng monoton fallend: $]-\infty; -1{,}73[$ und $]0; 1{,}73[$
rechts gekrümmt: $]-1; 1[$ links gekrümmt: $]-\infty; -1[$ und $]1, \infty[$

4 $t_{W_1}: y = 8 \cdot x + 8$ $t_{W_2}: y = -8 \cdot x + 8$

5 $\alpha_1 = \tan^{-1}(8) = 82{,}87°$ $\alpha_2 = \tan^{-1}(-8) = -82{,}87°$

c) **1** und **2**

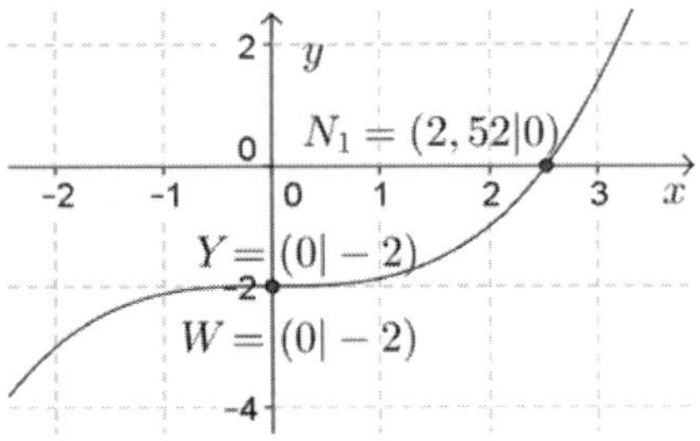

3 streng monoton steigend: $]-\infty; \infty[$
rechts gekrümmt: $]-\infty; 0[$ links gekrümmt: $]0; \infty[$

4 $t_W: y = -2$

5 $\alpha = \tan^{-1}(0) = 0°$

d) **1** und **2**

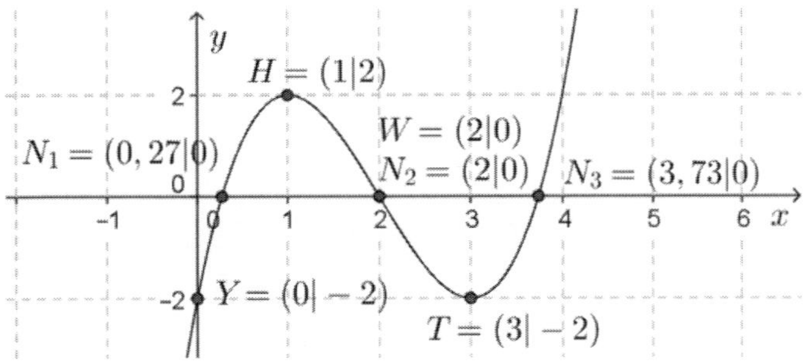

3 streng monoton steigend: $]-\infty; 1[$ und $]3; \infty[$
streng monoton fallend: $]1; 3[$
rechts gekrümmt: $]-\infty; 2[$ links gekrümmt: $]2; \infty[$

4 $t_W: y = -3 \cdot x + 6$

5 $\alpha = \tan^{-1}(-3) = -71{,}57°$

Lösung 14.4.01

e) 1 und 2

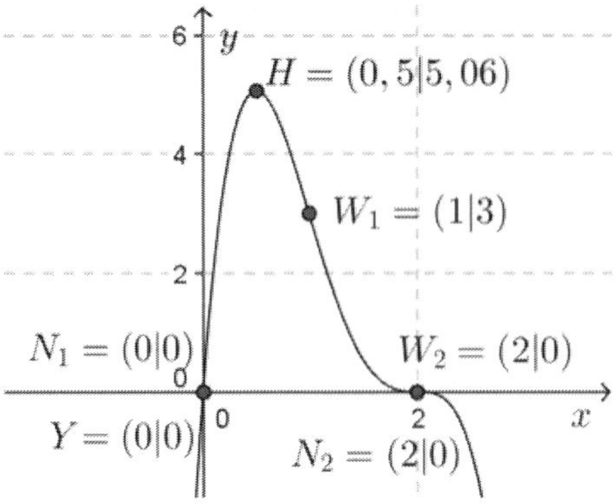

3 streng monoton steigend: $]-\infty; 0{,}5[$ streng monoton fallend: $]0,5; \infty[$
rechts gekrümmt: $]-\infty; 1[$ und $]2; \infty[$ links gekrümmt: $]1; 2[$

4 $t_{W_1}: y = -6 \cdot x + 9$ $t_{W_2}: y = 0$

5 $\alpha_1 = \tan^{-1}(-6) = -80{,}54°$ $\alpha_2 = \tan^{-1}(0) = 0°$

Lösung 14.4.2.02

1 Graph 1 → f_2

2 $f_2' = c$ → Ist die einzige konstante Funktion.

1 Graph 3 → f_3

2 f_3 ist eine Polynomfunktion 4. Ordnung und somit ist f_3', eine Polynomfunktion 3. Ordnung.

1 Graph 4 → f_1

2 f_1 ist eine Polynomfunktion 3. Ordnung und somit ist f_1', eine Polynomfunktion 2. Ordnung.

Bei $x = 0$ muss die Steigung den Wert 0 haben.

Lösung 14.4.2.03

1 $s(10) = 15$ km

2 $v(t) = s'(t) = -0{,}09 \cdot t^2 + 0{,}9 \cdot t$

3 Graphen:

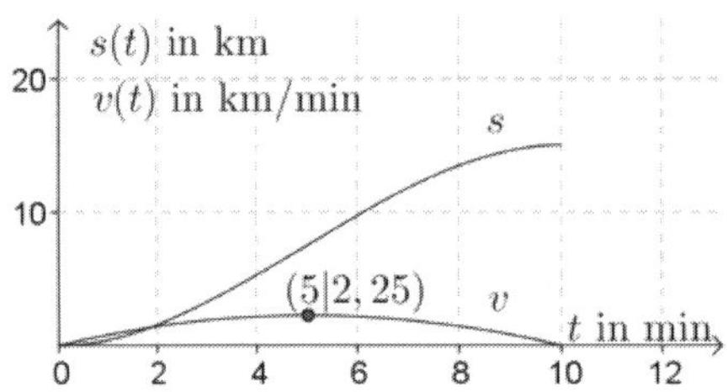

4 Nach 5 min wird die maximale Geschwindigkeit erreicht.

5 Im Intervall $[1; 5[$ nimmt die Steigung von s stets zu, d.h. dass v dort streng monoton steigend ist.

Im Punkt $t = 5$ ist die maximale Steigung erreicht, deshalb hat v dort sein Maximum.

Im Intervall $]5; 10]$ nimmt die Steigung von s stets ab, d.h. dass v dort streng monoton fallend ist.

6 Für einen niedrigen Benzinverbrauch wäre $v = 60$ km/h ideal.

Lösung 14.4.2.03

7 140 km/h → 9,5 L/100 km

60 km/h → 6 L/100 km

$B = \frac{3{,}5}{100} \cdot 15 \cdot 1{,}65 = 0{,}87$ €

Lösung 14.4.2.04

1 Je mehr x produziert werden, umso höher sind die Kosten. Deshalb muss K streng monoton steigend sein.

$D = [0; 35]$

Fixkosten: 45 GE

2 Graph:

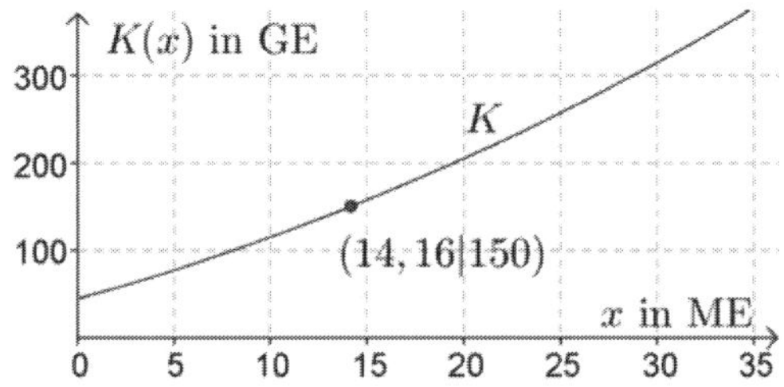

3 $K(x) = 150 \rightarrow x = 14{,}16$ ME

4 Nein das Budget reicht nicht, da: $K(30) = 315$ GE > 225 GE

5 $a \geq \frac{K(35)}{35} = 10{,}79$ €

6 $\overline{K}(x) = 0{,}1 \cdot x + 6 + \frac{45}{x}$

$\overline{K}'(x) = 0{,}1 - \frac{45}{x^2} = 0 \rightarrow x = 21{,}21$ ME

Lösung 14.4.2.05

1 $E(S) = P(S) \cdot S = 100 \cdot S - \frac{1}{3} \cdot S^2$

2 Der Preis wird um $\frac{1}{3}$ GE gesenkt.

3 Hochpunkt; TR: MAXIMUM; $G'(S) = -\frac{2}{3} \cdot S + 99{,}8 = 0 \rightarrow S = 149{,}7$ Tonnen

4 Graph:

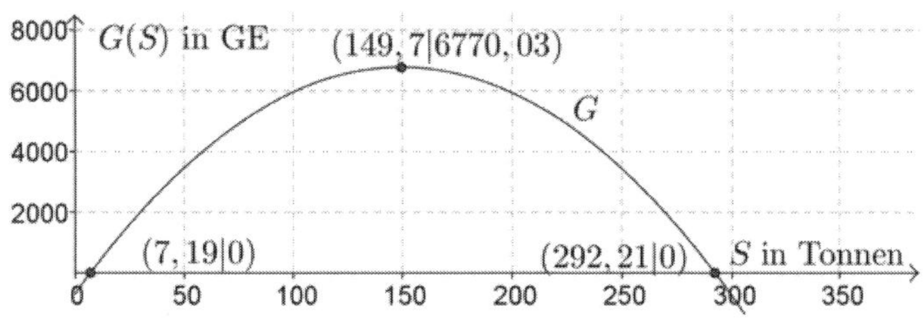

5 Gewinnschwellen: $x_1 = 7{,}19$ und $x_2 = 292{,}21$ Tonnen

Lösung 14.4.2.06

1 Tabelle:

Absolute Änderung	$f(-2) - f(-4) = 4 - 0 = 4$
Differenzenquotient	$\frac{f(0) - f(-2)}{0-(-2)} = \frac{1{,}2 - 4}{2} = -1{,}4$
Differentialquotient	$f'(-1) = -\frac{3}{2}$

2 streng monoton steigend: $]-\infty;-2[$ und $]3{,}7;\infty[$

streng monoton fallend: $]-2;3{,}7[$

rechts gekrümmt: $]-\infty;0{,}8[$ links gekrümmt: $]0{,}8;\infty[$

3 $f(-4) = 0$

$f(6) = 0$

$f(-2) = 4$

$f(0{,}5) = 0$

$\rightarrow f(x) = \frac{1}{10} \cdot x^3 - \frac{1}{4} \cdot x^2 - \frac{23}{10} \cdot x + \frac{6}{5}$

Lösung 14.4.2.07

2	4	1	3
1	3	2	4
0	2	1	3
2	4	3	5

Lösung 14.4.2.08

1 Es gibt genau 3 Nullstellen, wenn die Gleichung 3. Ordnung $f(x) = 0$ drei verschiedene reelle Lösungen hat.

2 Es gibt 2 lokale Extremstellen, wenn die quadratische Gleichung $f'(x) = 0$ zwei verschiedene reelle Lösungen hat.

3 Eine Polynomfunktion 3. Ordnung hat immer einen Wendepunkt, da die Gleichung $f''(x) = 6a \cdot x + 2b = 0$ immer eine reelle Lösung hat.

Lösung 14.4.2.09

1 Graphen:

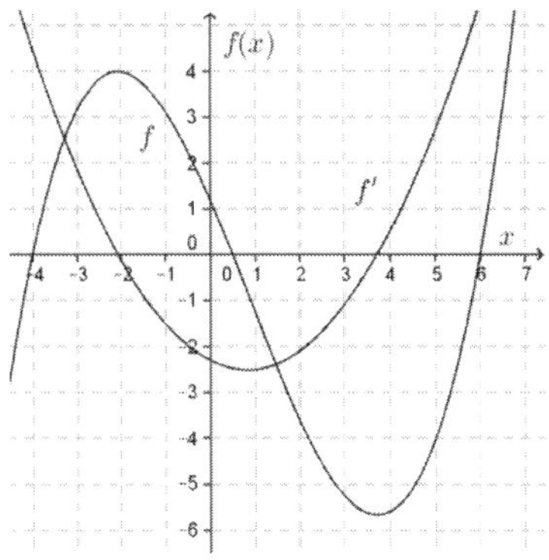

2 $f'(x_1) > 0$, weil f an dieser Stelle monton wachsend ist.

$f''(x_1) > 0$, weil hier eine Linkskrümmung vorliegt.

$f'(x_2) = 0$; weil hier ein Hochpunkt vorliegt.

$f''(x_2) < 0$; weil ein Hochpunkt in einer Rechtskrümmung liegt.

Lösung 14.4.2.10

1 $v = \frac{s(5) - s(0)}{5 - 0} = \frac{50}{5} = 10\ m/s$

2 Die Momentangeschwindigkeit zum Zeitpunkt $t = 7$ s findet man, indem man an der Stelle 7 die Tangente einzeichnet und mithilfe eines Steigungsdreiecks die Steigung abliest.

3 Durch das zweimalige Ableiten entsteht eine konstante Funktion. Der Graph verläuft daher waagrecht.

4 Die 2. Ableitung ist eine Konstante und sie entspricht der Beschleunigung a.

5 Graph:

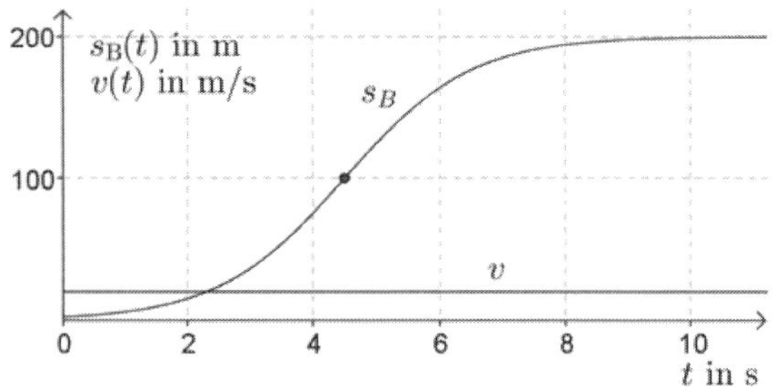

6 $v = \frac{200}{10} = 20\ m/s = 72\ km/h$ $\quad v(t) = 20\ m/s$

7 Geschwindigkeitsfunktion v siehe Grafik

Lösung 14.4.2.11

1 Nein, denn es gilt: $\frac{0{,}36}{0{,}12} = 3 \neq 2{,}11 = \frac{0{,}76}{0{,}36}$

2 $h(t) = 0{,}76 + 0{,}54 \cdot t$ mit $2 \leq t \leq 6$

$h(6) = 2{,}92$ m

Lösung 14.4.2.12

1 Graph:

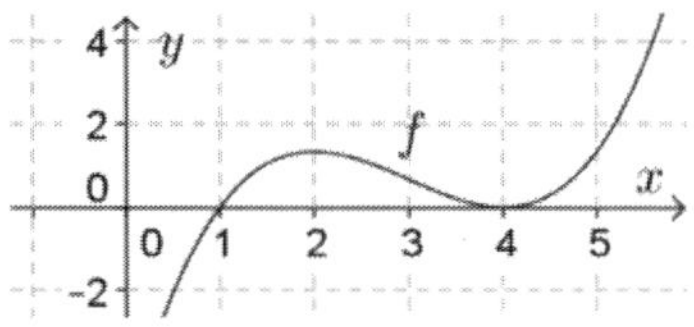

2 $f'(x) = x^2 - 6 \cdot x + 8 = 0 \rightarrow x_1 = 2 \quad x_2 = 4 \rightarrow H = \left(2\middle|\frac{4}{3}\right) \quad T = (4|0)$

3 Weil im Wendepunkt das stärkste Gefälle voliegt.

4 $f''(x) = 2 \cdot x - 6 = 0 \rightarrow x = 3$

5 Graph A und D können nicht stimmen, da bei $x = 1$ ein Minimum und bei $x = 4$ ein Wendepunkt sein muss.

Lösung 14.4.2.13

1 $p'(12) = 2{,}25$ bar/min

2 Graph:

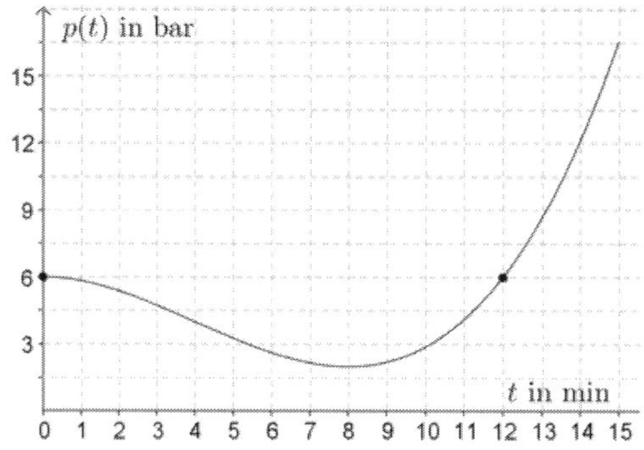

3 Nach 0 und 12 min beträgt der Druck 6 bar.

Lösung 14.4.2.14

Aussage 3 ist richtig.

Lösung 14.4.2.15

Wenn $f'(x_1) = 0$ und $f''(x_1) < 0$ ist, besitzt …

Lösung 14.4.2.16

1

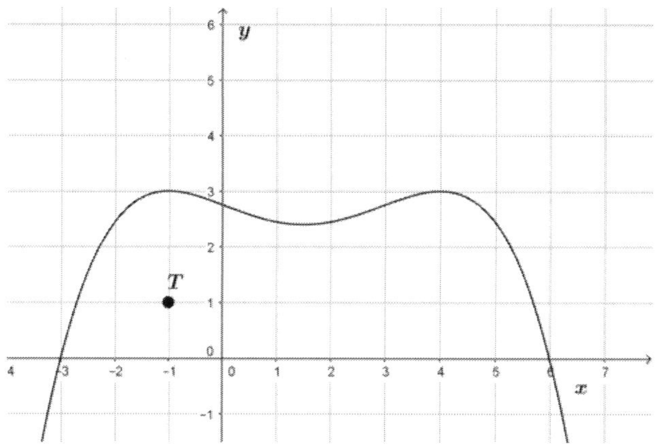

2 Berechnung des Wendepunktes W:

$f(x) = -\frac{3}{49} \cdot x^3 + \frac{27}{98} \cdot x^2 - \frac{3}{98} \cdot x - \frac{18}{49}$

$f''(x) = -\frac{9}{49} \cdot x^2 + \frac{27}{49} \cdot x - \frac{3}{98}$

$f''(x) = 0$

Diese Gleichung löst man nach x auf und erhält:

$x_1 = 2{,}943\ldots \approx 2{,}94 \quad (x_2 = 0{,}056\ldots)$

$f(2{,}94) = 2{,}734\ldots \rightarrow W = (2{,}94|2{,}73)$

$f'(2{,}94) = 0{,}36820\ldots$

Gleichung der Tangente: $y = 0{,}3682 \cdot x + 1{,}6505$

3 Einsetzen der Koordinaten von T in die Tangentengleichung:

$0{,}3682(-1) + 1{,}6505 = 1{,}2822 \neq 1$

Der Laserstrahl trifft das feindliche Objekt nicht.

Lösung 14.4.2.17

1 Gesucht ist das Maximum der Funktion h. Daher müssen folgende Schritte ausgeführt werden:
Man bildet die 1. Ableitungsfunktion h'
$h'(t)$ wird null gesetzt und nach t aufgelöst ..... Lösung(en): $t_1, t_{2...}$
Man bildet die 2. Ableitungsfunktion h''.
In diese setzt man die erhaltenen Werte $t_1, t_{2...}$ ein. Ergibt dies einen negativen Wert, so liegt für diese Lösung ein lokales Maximum vor.

2 Der Paragleiter verliert die größte Höhe, wenn seine Geschwindigkeit (h') ein Maximum hat. Dies lässt sich mit dem TR bestimmen (h' in den Y-Editor eingeben und Maximum berechnen lassen).
$(t_1 = 23{,}15...)$ $t_2 = 12{,}981... \approx 13{,}00$
Nach ca. 13 Minuten verliert der Paragleiter die größte Höhe.

14.5 Ermitteln von Funktionsgleichungen (Deskriptoren 3.9, 3.8. B_P_3.1, B_P_4.1)

Lösung 14.5.01

$a < 0$, damit sich eine nach unten geöffnete Wurfparabel ergibt.
$c = 0$, damit die Abschussstelle im Ursprung liegt.
$b > 0$, damit die Aufprallstelle auf der positiven t-Achse liegt, da $a < 0$ und $f(t) = t \cdot (a \cdot t + b) = 0$ ist.

Lösung 14.5.02

1 Skizze:

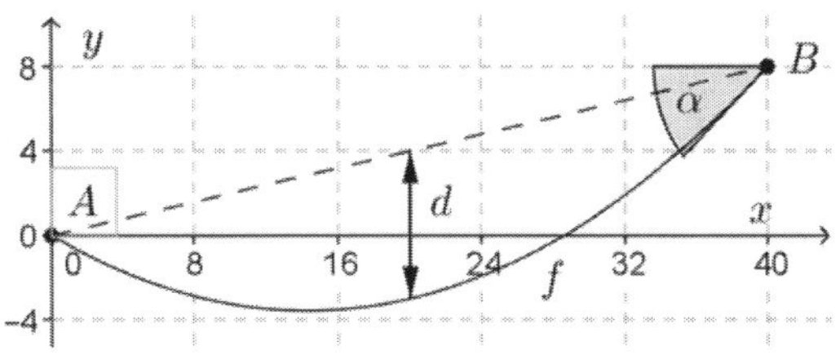

2 $f(0) = 0$ $f(40) = 8$ $f'(40) = \tan(42°)$

3 $a = 0{,}0175$ $b = -0{,}50$ $c = 0$

4 $\beta = \tan^{-1}(f'(0))$

5 Steigung der Strecke AB: $k = \frac{8}{40} = 0{,}2$
$f'(x) = 0{,}2 \rightarrow x = 20$ m $d = 4 - f(20) = 7$ m

Lösung 14.5.03

1 Skizze:

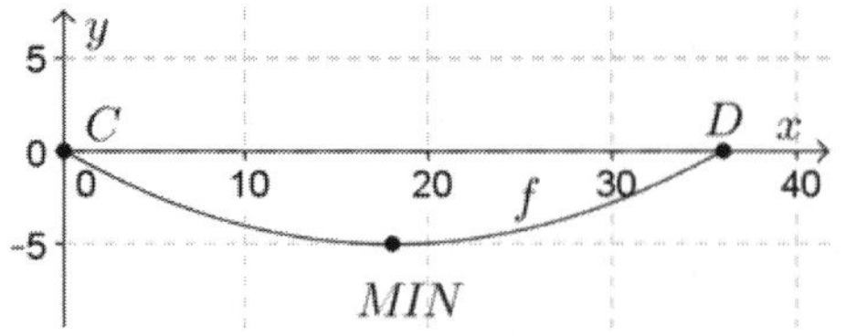

2 $f(0) = 0$ $f(18) = -5$ $f'(18) = 0$

3 $f(x) = \frac{5}{324} \cdot x^2 - \frac{5}{9} \cdot x$

4 $\tan \gamma = f'(0) = -\frac{5}{9} \rightarrow \gamma = -29{,}05°$

Lösung 14.5.04

1 Skizze:

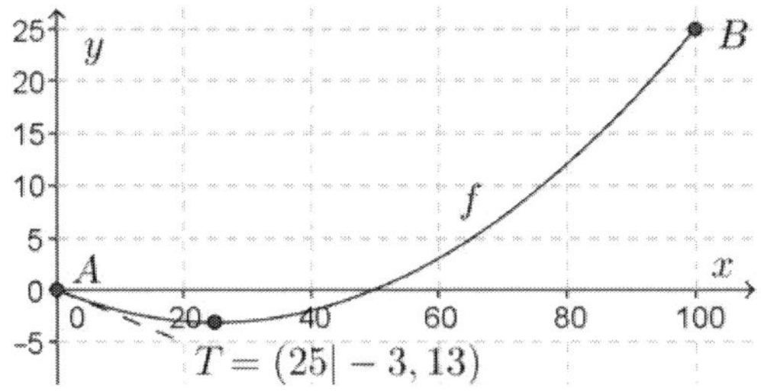

2 $f(0) = 0$ $f(100) = 25$ $f'(0) = -0{,}25$

3 $f(x) = 0{,}005 \cdot x^2 - 0{,}25 \cdot x$

4 Man bildet die erste Ableitung und setzt sie null. Die erhaltene x-Stelle setzt man in die Funktion f ein und dieser y-Wert entspricht dem Abstand zum Aufhängepunkt A.

5 $\tan \beta = f'(100) \rightarrow \beta = \tan^{-1}(f'(100))$

Lösung 14.5.05

1 $(r + x)^2 \cdot (h + x) \cdot \pi = 10\pi \cdot r^2 \cdot h$

$(3 + x)^2 \cdot (5 + x) \cdot \pi = 450 \cdot \pi$

2 Solver: $x = 4{,}051$ cm

3 Skizze:

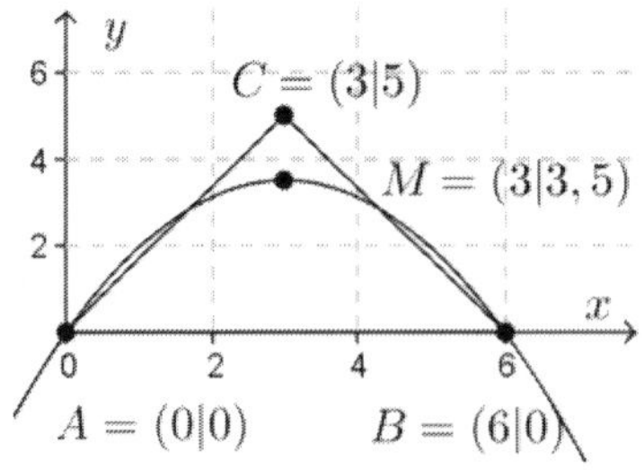

4 $f(x) = a \cdot x^2 + b \cdot x + c$ $f(0) = 0 \rightarrow c = 0$

$f(6) = 0 \rightarrow 36 \cdot a + 6 \cdot b + c = 0$ $f(3) = 3{,}5 \rightarrow 9 \cdot a + 3 \cdot b + c = 3{,}5$

5 $f(x) = -\frac{7}{18} \cdot x^2 + \frac{7}{3} \cdot x$

6 Die Funktion ist weder achsen- noch punktsymmetrisch.

Lösung 14.5.06

1 $E(x) = p(x) \cdot x = -6 \cdot x^2 + 42 \cdot x$

2 Graphen:

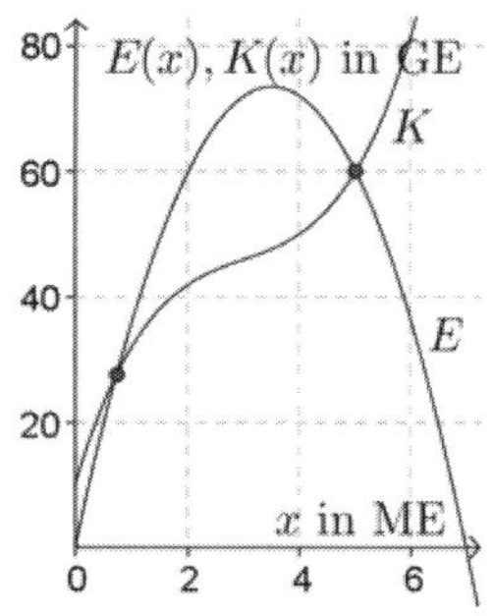

3 Die Schnittpunkte bedeuten, dass der Gewinn an diesen x-Stellen null ist.

4 $G(x) = a \cdot x^2 + b \cdot x + c$

5 $G(0) = -10 \rightarrow c = -10$

$G(5) = 0 \rightarrow 25 \cdot a + 5 \cdot b + c = 0$

$G(20) = 0 \rightarrow 400 \cdot a + 20 \cdot b + c = 0$

6 $G(x) = -0{,}1 \cdot x^2 + 2{,}5 \cdot x - 10$

7 $G(x) = 3 \rightarrow x_1 = 7{,}38 \quad x_2 = 17{,}62$

8 Den maximalen Gewinn errechnet man, indem man zuerst die erste Ableitung von G null setzt. Aus dieser Gleichung berechnet man die x-Stelle des maximalen Gewinns. Diese Stelle setzt man in G ein und erhält den maximalen Gewinn.

Lösung 14.5.07

1 $K(x) = a \cdot x^2 + b \cdot x + c$

$K(6) = 176{,}4 \rightarrow 36 \cdot a + 6 \cdot b + c = 176{,}4$

$\overline{K}(10) = 21 \rightarrow 10 \cdot a + b + \frac{c}{10} = 21$

$K'(12) = 7{,}6 \rightarrow 24 \cdot a + b = 7{,}6 \qquad (K(x) = -0{,}1 \cdot x^2 + 10 \cdot x + 120)$

2 $p(x) = \frac{U(x)}{x} = -5{,}25 \cdot x + 119{,}5$

3 $p(0) = 119{,}5$ GE

4 $G'(x) = -0{,}3 \cdot x + 109{,}5 = 0 \rightarrow x = 365$ ME $\rightarrow G(365) = 19\,863{,}75$ GE

Lösung 14.5.08

1 $K(0) = 35\,000 \rightarrow d = 35\,000$

$K(50) = 38\,312{,}5 \rightarrow 125\,000 \cdot a + 2\,500 \cdot b + 50 \cdot c + d = 38\,321{,}5$

$K(200) = 46\,600 \rightarrow 8\,000\,000 \cdot a + 40\,000 \cdot b + 200 \cdot c + d = 46\,600$

$K(600) = 69\,800 \rightarrow 216\,000\,000 \cdot a + 360\,000 \cdot b + 600 \cdot c + d = 69\,800$

2 $K(x) = 10^{-4} \cdot x^3 - 0{,}08 \cdot x^2 + 70 \cdot x + 35\,000$

3 $\frac{K(x)}{x} = 10^{-4} \cdot x^2 - 0{,}08 \cdot x + 70 + \frac{35\,000}{x}$

4 $E(x) = p(x) \cdot x = 140 \cdot x$

5 $G(x) = E(x) - K(x) = -10^{-4} \cdot x^3 + 0{,}08 \cdot x^2 + 70 \cdot x - 35\,000$

6 Gewinngrenzen:

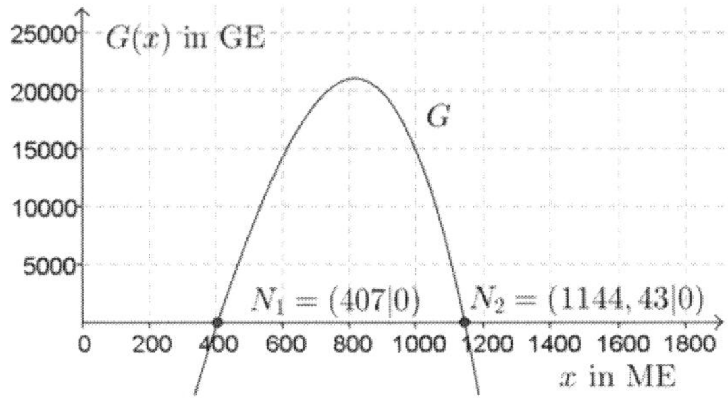

Gewinnbereich:]407 ME; 1 144,43 ME[

Lösung 14.5.09

1 $h(x) = 0 \rightarrow x = 6{,}56$ m

2 Der Strahl trifft bei einem größeren x-Wert auf dem Boden auf, da die Parabel nach unten geöffnet ist ($a < 0$) und der Graph nach oben verschoben wird.

3 $f(x) = a \cdot x^2 + b \cdot x + c$

$f(0) = 1 \rightarrow c = 1$

$f(3) = 2{,}5 \rightarrow 9 \cdot a + 3 \cdot b + c = 2{,}5$

$f'(3) = 0 \rightarrow 6 \cdot a + b = 0$

4 $\rightarrow f(x) = -\frac{1}{6} \cdot x^2 + x + 1$

5 Reichweiten und max. Höhen:

α	max. Reichweite	max. Höhe
30°	6,5	2,1
50°	7,1	3,2
67°	5,2	4,2

6 Wenn der Winkel α vergrößert wird, wird auch die Höhe und die Reichweite vergrößert. Dies gilt aber nur bis zu jenem Winkel, bei dem die Reichweite maximal ist. Danach wird bei Vergrößerung des Winkels die Reichweite kleiner und die Höhe größer.

Lösung 14.5.10

1 Aussage 4 ist richtig.

2 Weil nur $g'(x_1) = -1$ gleich tan (135°) ist, was der Angabe entspricht.

Lösung 14.5.11

1 Der Graph *D* ist richtig

2 Der Graph von *f* hat an den Stellen $x = -2$ und $x = 0$ relative Extremstellen, daher muss an diesen Stellen der Graph von f' Nullstellen besitzen. Der Graph von *f* ist im Intervall $[-2; 0]$ streng monoton steigend, daher muss in diesem Intervall der Graph f' positiv sein. Beide Eigenschaften treffen nur bei diesem Graphen zu.

Lösung 14.5.12

1 Aussage 4 ist richtig

2 Eine Wendestelle muss folgende Bedingungen erfüllen: $f''(4) = 0 \wedge f'''(4) \neq 0$

Für alle Punkte mit einer Rechtskrümmung gilt: $f''(t) < 0$ mit $0 < t < 4$

Für alle Punkte mit einer Linkskrümmung gilt: $f''(t) > 0$ mit $4 < t < 7$.

Lösung 14.5.13

1
I. $f(-3) = 0: \quad a \cdot (-3)^4 + b \cdot (-3)^3 + c \cdot (-3)^2 + d \cdot (-3) + e = 0$

II. $f(-1) = 3: \quad a \cdot (-1)^4 + b \cdot (-1)^3 + c \cdot (-1)^2 + d \cdot (-1) + e = 3$

III. $f(4) = 3: \quad a \cdot (4)^4 + b \cdot (4)^3 + c \cdot (4)^2 + d \cdot (4) + e = 3$

IV. $f'(-1) = 0: \quad -4 \cdot a + 3 \cdot b - 2 \cdot c + d = 0$

V. $f'(4) = 0: \quad 256 \cdot a + 48 \cdot b + 8 \cdot c + d = 0$

2 Lösung mit Technologie:

$$f(x) = -\frac{3}{196} \cdot x^4 + \frac{9}{98} \cdot x^3 - \frac{3}{196} \cdot x^2 - \frac{18}{49} \cdot x + \frac{135}{49}$$

3

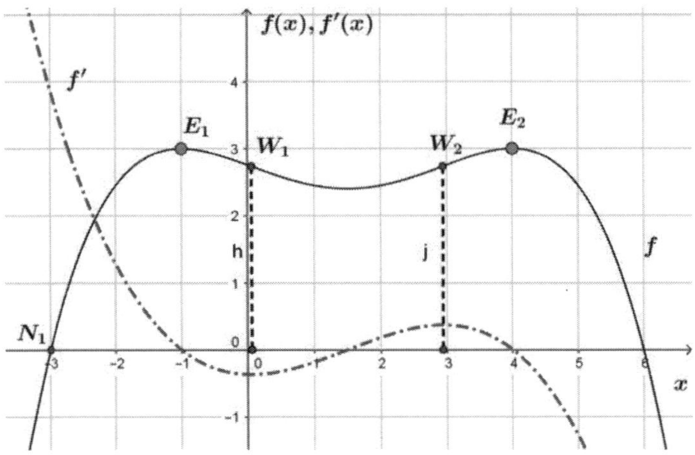

4 Siehe 3

Lösung 14.5.14

1 $f(x) = a \cdot x^3 + b \cdot x^2 + c \cdot x + d$

I. $f(2) = 0: \quad 8 \cdot a + 4 \cdot b + 2 \cdot c + d = 0$

II. $f(-2) = 0: \quad -8 \cdot a + 4 \cdot b - 2 \cdot c + d = 0$

III. $f(0) = 0: \quad d = 0$

IV. $f(1) = -\frac{6}{5}: \quad a + b + c + d = -\frac{6}{5}$

2 Lösen mit Technologie: $f(x) = \frac{2}{5} \cdot x^3 - \frac{8}{5} \cdot x$

3 D und B

Lösung 14.5.15

1 I. $g(0) = 12: \quad d = 12$

II. $g(4) = 80: \quad 64 \cdot a + 16 \cdot b + 4 \cdot c + d = 80$

III. $g'(4) = 0: \quad 48 \cdot a + 8 \cdot b + c = 0$

IV. $g'(11) = 0: \quad 363 \cdot a + 22 \cdot b + c = 0$

2 $g(t) = \frac{17}{58} \cdot t^3 - \frac{765}{116} \cdot t^2 + \frac{1\,122}{29} \cdot t + 12$

t … Zeit in Sekunden (s)

$g(t)$ … Durchflussrate in m^3/s

15 Integralrechnung

15.1 Stammfunktionen – unbestimmtes Integral (Deskriptoren 4.5,4.6)

Lösung 15.1.01

a) $F(x) = 7 \cdot x + C$

b) $F(x) = \frac{3 \cdot x^2}{2} + 4 \cdot x + C$

c) $F(x) = \frac{x^7}{7} + C$

d) $F(x) = \frac{x^4}{4} - \frac{5 \cdot x^3}{3} + \frac{7 \cdot x^2}{2} - x + C$

e) $F(r) = r^3 - 3 \cdot r^2 + 5 \cdot r + C$

f) $F(s) = \frac{s^5}{25} + \frac{s^3}{9} - \frac{s^2}{14} + s + C$

g) $F(x) = -\frac{2}{x} + \frac{3}{2 \cdot x^2} + \ln|x| + C$

h) $G(x) = -\frac{12}{\sqrt[3]{x}} - \frac{36 \cdot \sqrt[3]{x^5}}{5} + \frac{27 \cdot \sqrt[3]{x^{11}}}{11} + C$

i) $H(x) = a \cdot \sin x + b \cdot \cos x + C$

Lösung 15.1.02

1 $f(x) = \frac{x^3}{2} - \frac{7 \cdot x^2}{2} + 2 \cdot x + C$
2 $f(2) = 0 \rightarrow f(x) = \frac{x^3}{2} - \frac{7 \cdot x^2}{2} + 2 \cdot x + 6$
3 Grafik:

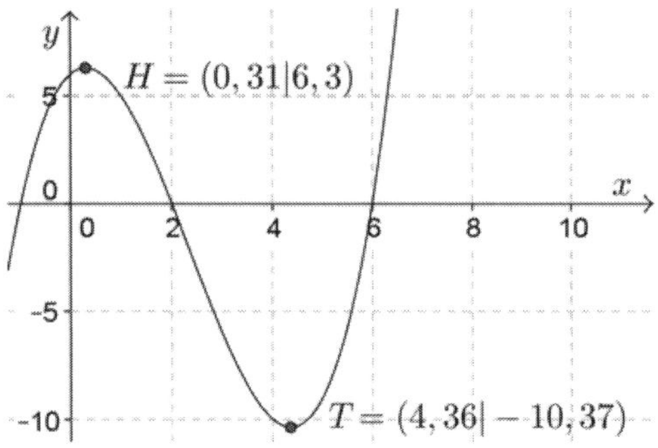

4 Extrema: siehe Grafik

5 Die Steigungsfunktion eines Graphen berechnet man mithilfe der ersten Ableitung
$f'(x)$. Die Stelle des maximalen Gefälles erhält man durch Lösen der Gleichung $f''(x) = 0$.

Zusätzlich muss $f'''(x) < 0$ gelten.

Lösung 15.1.03

1 $v = \frac{126}{3,6} = 35\ \text{m/s}$

2 $a'(t) = 0 \rightarrow t = 3\ \text{s}$

3 $a(3) = -4\ \text{m/s}^2$

4 Zuerst berechnet man die Nullstelle der Beschleunigungsfunktion $a(t)$, die Dauer des Bremsvorganges entspricht genau dieser Nullstelle, da der Bremsvorgang bei $t_1 = 0$ beginnt.

5 $v(t) = \int a(t) \cdot dt = \frac{4}{27} \cdot t^3 - \frac{4}{3} \cdot t^2 + C$

$v(0) = 35 \rightarrow v(t) = \frac{4}{27} \cdot t^3 - \frac{4}{3} \cdot t^2 + 35$

6 $v(6) = 32 - 48 + 35 = 19\ \text{m/s}$

Lösung 15.1.04

1 Die Geschwindigkeitsfunktion erhält man durch Differenzieren der Wegfunktion. Nun muss man nur noch die gewünschte Zeit t in die Funktion einsetzten und erhält die Geschwindigkeit.

2 $h(t) = \int v(t) \cdot dt = -\frac{9,81}{2} \cdot t^2 + 62 \cdot t + C$

$h(0) = 120 \rightarrow h(t) = -\frac{9,81}{2} \cdot t^2 + 62 \cdot t + 120$

15.2 Bestimmtes Integral (Deskriptoren 4.7, 4.8)

Lösung 15.2.01

a) **1** Zuerst integriert man x^2 nach der Potenzregel und erhält $\frac{x^3}{3}$.
Dann setzt man die obere Grenze $4 \rightarrow \frac{64}{3}$ und untere Grenze $1 \rightarrow \frac{1}{3}$ ein und subtrahiert die beiden Ergebnisse voneinander:

2 $\frac{64}{3} - \frac{1}{3} = 21$

3 Graph:

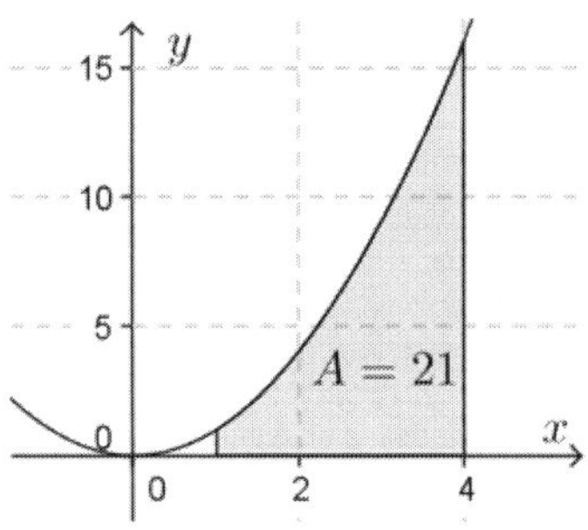

4 Das bestimmte Integral entspricht der eingeschlossenen Fläche mit der x-Achse.

Lösung 15.2.01

b) **1** Zuerst integriert man 2 nach der Potenzregel und erhält $2 \cdot x$.
Dann setzt man die obere Grenze 5 → 10 und untere Grenze 4 → 8 ein und subtrahiert die beiden Ergebnisse voneinander:
2 $10 - 8 = 2$
3 Graph:

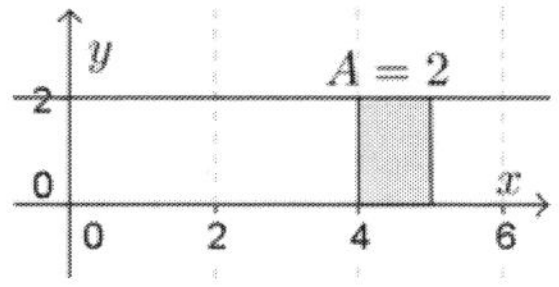

4 Das bestimmte Integral entspricht der eingeschlossenen Fläche mit der x-Achse.

c) **1** Zuerst integriert man x^{-3} nach der Potenzregel und erhält $-\frac{1}{2} \cdot x^{-2} = -\frac{1}{2 \cdot x^2}$.
Dann setzt man die obere Grenze 2 → $-\frac{1}{8}$ und untere Grenze 1 → $-\frac{1}{2}$ ein und subtrahiert die beiden Ergebnisse voneinander:
2 $-\frac{1}{8} - \left(-\frac{1}{2}\right) = \frac{3}{8} = 0{,}375$
3 Graph:

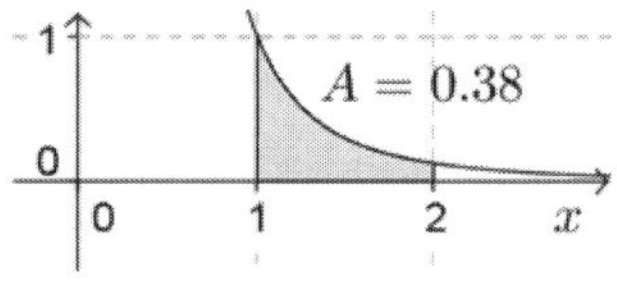

4 Das bestimmte Integral entspricht der eingeschlossenen Fläche mit der x-Achse.

d) **1** Zuerst integriert man $\frac{1}{u}$ nach der Potenzregel und erhält $\ln|u|$.
Dann setzt man die obere Grenze -2 → $\ln(2) = 0{,}69$ und untere Grenze -1 → $\ln(1) = 0$ ein und subtrahiert die beiden Ergebnisse voneinander:
2 $\ln(2) - \ln(1) = \ln(2) = 0{,}69$
3 Graph:

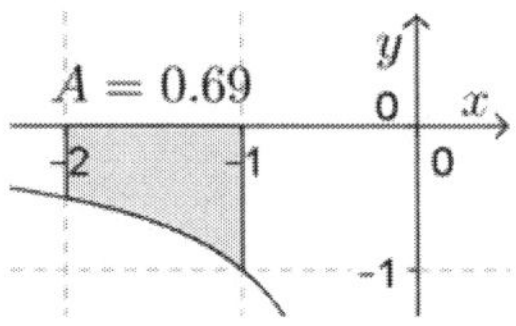

4 Das bestimmte Integral entspricht der eingeschlossenen Fläche mit der x-Achse.
Der Wert des Integrals ist bereits positiv, da die Grenzen vertauscht wurden.

e) **1** Zuerst integriert man t^{-2} nach der Potenzregel und erhält $-t^{-1} = -\frac{1}{t}$.
Dann setzt man die obere Grenze 1,5 → $-\frac{2}{3}$ und untere Grenze 1 → -1 ein und subtrahiert die beiden Ergebnisse voneinander:
2 $-\frac{2}{3} - (-1) = \frac{1}{3} = 0{,}33$
3 Graph:

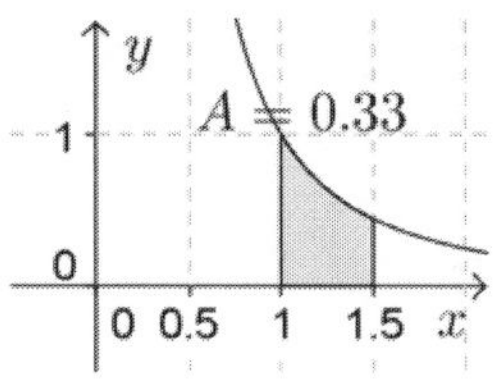

4 Das bestimmte Integral entspricht der eingeschlossenen Fläche mit der x-Achse.

Lösung 15.2.01

f) **1** Zuerst integriert man $3 \cdot x^2$ nach der Potenzregel und erhält x^3.
Dann setzt man die obere Grenze $3 \rightarrow 27$ und untere Grenze $1 \rightarrow 1$ ein und subtrahiert die beiden Ergebnisse voneinander:

2 $27 - 1 = 26$

3 Graph:

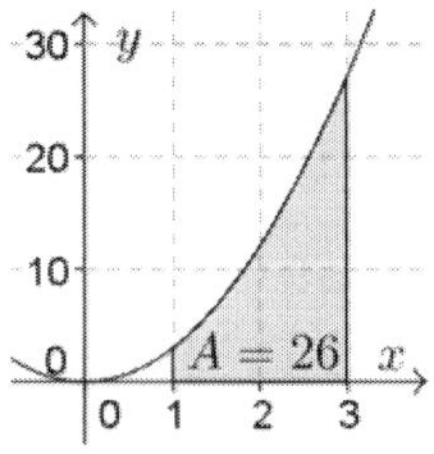

4 Das bestimmte Integral entspricht der eingeschlossenen Fläche mit der x-Achse.

g) **1** Zuerst integriert man x^3 nach der Potenzregel und erhält $\frac{1}{4} \cdot x^4$.
Dann setzt man die obere Grenze $3 \rightarrow \frac{81}{4}$ und untere Grenze $-1 \rightarrow \frac{1}{4}$ ein und subtrahiert die beiden Ergebnisse voneinander:

2 $\frac{81}{4} - \left(\frac{1}{4}\right) = \frac{80}{4} = 20$

3 Graph:

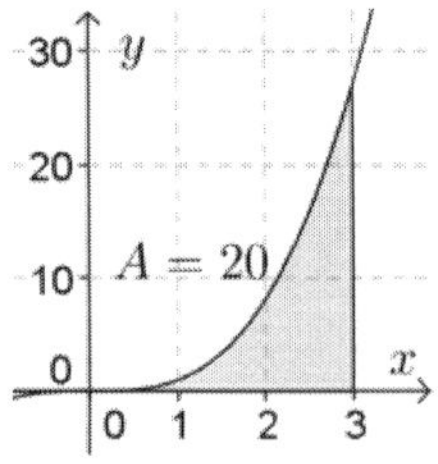

4 Das bestimmte Integral entspricht nicht der eingeschlossenen Fläche mit der x-Achse, da zwischen den Integrationsgrenzen eine Nullstelle liegt.

h) **1** Zuerst integriert man x^{-2} nach der Potenzregel und erhält $-x^{-1} = -\frac{1}{x}$.
Dann setzt man die obere Grenze $2 \rightarrow -\frac{1}{2}$ und untere Grenze $-1 \rightarrow 1$ ein und subtrahiert die beiden Ergebnisse voneinander:

2 $-\frac{1}{2} - (1) = -\frac{3}{2} = -1{,}5$

3 Graph:

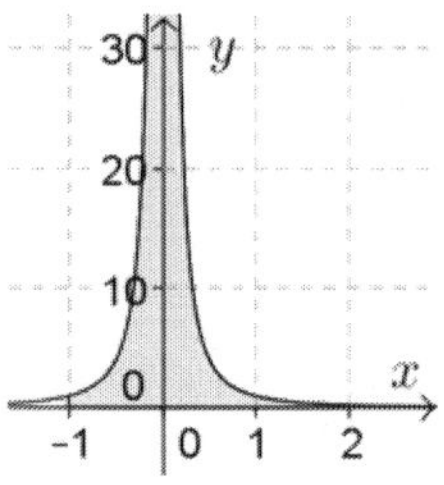

4 Nicht bestimmbar; an der Stelle $x = 0$ liegt eine Unstetigkeitsstelle vor.

Lösung 15.2.02

1 $f(x) = 0 \rightarrow x_1 = -3{,}76 \quad x_2 = 3{,}76$

$$\frac{V}{t} = 1{,}2 \cdot \left| \int_{-3,76}^{3,76} f(x) \cdot dx \right| = 1{,}2 \cdot 18{,}05 = 21{,}66 \text{ m}^3/\text{s}$$

2 Zuerst berechnet man sich die Nullstellen der Funktion ($x_1 = -3{,}76$; $x_2 = 3{,}76$). Dann setzt man diese Werte in die erste Ableitung von f ein ($f'(x_1) = -3{,}19$ und $f'(x_2) = 3{,}19$) und erhält jeweils die Steigung an diesen Stellen. Den Winkel erhält man über die Beziehung $\alpha = \tan^{-1}(k) \rightarrow \alpha_1 = -72{,}60°$; $\alpha_2 = 72{,}60°$.

3 Trapez

4 $A \approx \frac{7{,}8 + 7}{2} \cdot 1{,}5 = 11{,}1 \text{ m}^2$

Lösung 15.2.03

1 Bei den Nullstellen von f ist der Stau am längsten ($t_2 = 2$ h) bzw. am kürzesten ($t_1 = 0$ h und $t_3 = 4$ h).

2 $t = 0{,}8$ h

3 Graph:

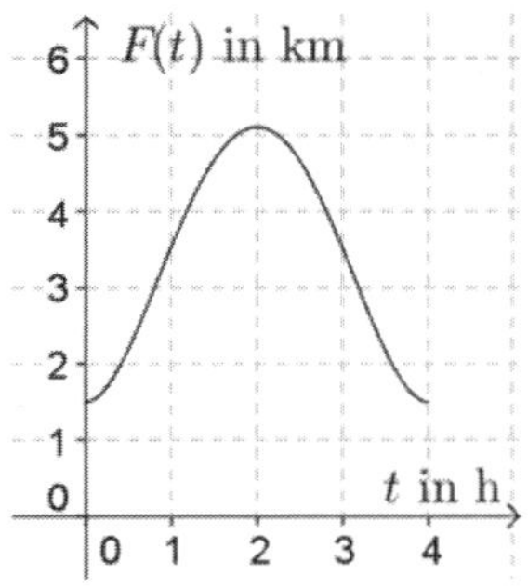

4 $F'(t) = 0 \rightarrow t = 2$ h

5 $\bar{F} = \frac{F(4) - F(0)}{4}$

Lösung 15.2.04

1 Der Wert c entspricht der Fläche, die die Funktion f im Intervall zwischen 1 und 3 mit der x-Achse einschließt.

2 Der Wert d hat negatives Vorzeichen, da die Fläche unter der x-Achse größer ist als jene über der x-Achse.

3 $f(x) = a \cdot x^2 + b \cdot x + c$

$f(0) = 5 \qquad f(2) = 0 \qquad \int_{-1}^{1} f(x) \cdot dx = 6{,}4$

4 $a = -5{,}4 \quad b = 8{,}3 \quad c = 5 \rightarrow f(x) = -5{,}4 \cdot x^2 + 8{,}3 \cdot x + 5$

Lösung 15.2.05

1 Der Wert a entspricht der Fläche, die die Funktion f im Intervall zwischen 3 und 6 mit der x-Achse von unten einschließt. Der Wert a ist negativ.

Der Wert b hat positives Vorzeichen, da die Fläche über der x-Achse größer ist als jene unter der x-Achse. Der Wert b entspricht keiner Fläche.

Der Wert c hat ein positives Vorzeichen, da die Fläche über der x-Achse größer ist als jene unter der x-Achse. Der Wert c entspricht keiner Fläche.

2 Die Abhandlung des Schülers ist falsch, da er die Integrationskonstante C vergessen hat.

Lösung 15.2.06

1 Graph:

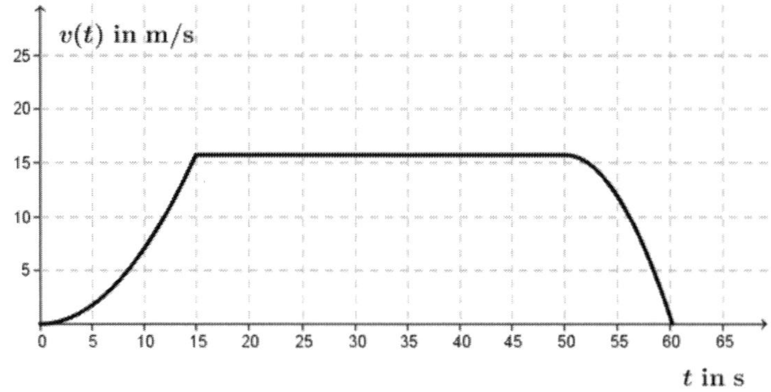

2 $s = v \cdot t = 15{,}75 \cdot 35 = 551{,}25$ m

3 Die Bremsung ist stärker und somit dauert der Bremsvorgang nicht so lang.

4 $a = \frac{v(15) - v(0)}{15 - 0} = \frac{15{,}75}{15} = 1{,}05 \text{ m/s}^2$

5 Weil im Punkt (15|15) ein „Knick" ist. An dieser Stelle ist die Funktion stetig, aber nicht differenzierbar. Das würde bedeuten, es existieren bei $t = 15$ s kurzzeitig 2 verschiedene Beschleunigungen.

Lösung 15.2.07

1 Geschwindigkeit v

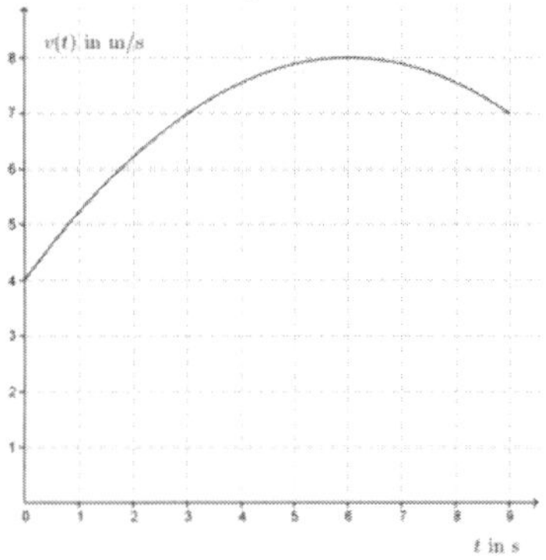

2 Weg s

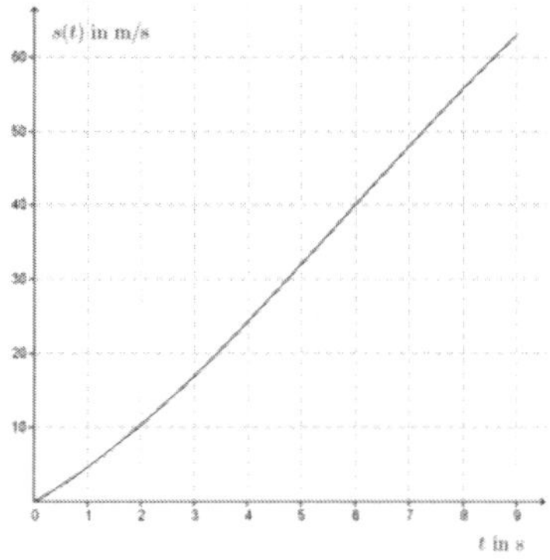

3 $v'(7{,}5) = -\frac{1}{3} \text{ m/s}^2$

4 Ein negatives Vorzeichen bei der Beschleunigung bedeutet, dass es sich um einen Bremsvorgang handelt.

A **5** falsch **6** Weg und Geschwindigkeit können nicht addiert werden.

B **5** falsch **6** Die obere und untere Grenze wurden vertauscht.

C **5** falsch **6** Das Integral von $s(t)$ ist nicht definiert.

D **5** richtig

E **5** falsch **6** Die Lösung ist ident wie bei A.

7 $s = \int_5^8 v(t) \cdot dt = 23{,}67$ m

Lösung 15.2.08

Aussage 5 ist richtig.

Lösung 15.2.09

Aussage 1 ist richtig.

15.3 Fläche zwischen zwei Kurven

Lösung 15.3.01

1 $A = \int_0^{15} (v_1(t) - v_2(t)) \cdot dt = \int_0^{15} v_1(t) \cdot dt - \int_0^{15} v_2(t) \cdot dt$

2 Der Wert der Fläche entspricht der Wegdifferenz in Meter, d.h. um so viel Meter weiter ist der Körper mit v_1 in 15 s gefallen.

Lösung 15.3.02

A: **1** Ist falsch, **2** da von der „kleinen" die „große" Funktion subtrahiert wird.

B: **1** Ist richtig, **2** da zuerst *f* komplett integriert wird, der kleine Teil von *g* subtrahiert wird und der negative Anteil von *g* mithilfe der Betragsfunktion addiert wird.

C: **1** Ist richtig, **2** da von der „großen" die „kleine" Funktion subtrahiert wird.

D: **1** Ist richtig, **2** da das kleine Flächenstück zwischen 5 und 6 bei *f* zuerst addiert und dann bei *g* subtrahiert wird.

Lösung 15.3.03

1 Skizze:

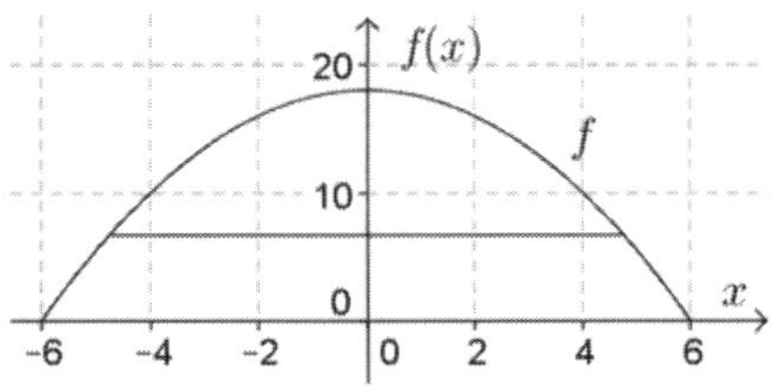

2 $\int_{-x_1}^{x_1} f(x) \cdot dx - x_1 \cdot 2 \cdot f(x_1) = 72 \rightarrow x_1 = 4{,}76 \rightarrow y_1 = f(x_1) = 6{,}66$

Bei $y_1 = 6{,}66$ muss die Parallele zur *x*-Achse eingezeichnet werden, damit die zwei Flächen den gleichen Flächeninhalt (72 FE) haben.

Lösung 15.3.04

1 Der Term entspricht der eingeschlossen Fläche von *f* mit der *x*-Achse zwischen –2 und 2.

2 Das Integral ist nicht geeignet, weil über eine Nullstelle integriert wird.

3 $A = \int_{-2}^{2} (f(x) - g(x)) \cdot dx$

Lösung 15.3.05

A → 4 B → 3

Lösung 15.3.06

1 Aussage 1 ist falsch, **2** da die Fläche kleiner als 2 ist.
1 Aussage 2 ist falsch, **2** da das Integral kleiner als 0 ist.
1 Aussage 3 ist falsch, **2** da die Fläche ungefähr 4 ist.
1 Aussage 4 = Aussage 2
1 Aussage 5 ist richtig.

16 Beschreibende Statistik

16.1 Zentralmaße (Deskriptor 5.2)

Lösung 16.1.3.01

1 Strichliste:

Masse	54	55	56	57	58	59	60	61	62	63	64	72
Anzahl	3	1	1	5	2	3	2	1	3	2	1	1

2 $\bar{x} = 59{,}2$ g

3 Diagramm:

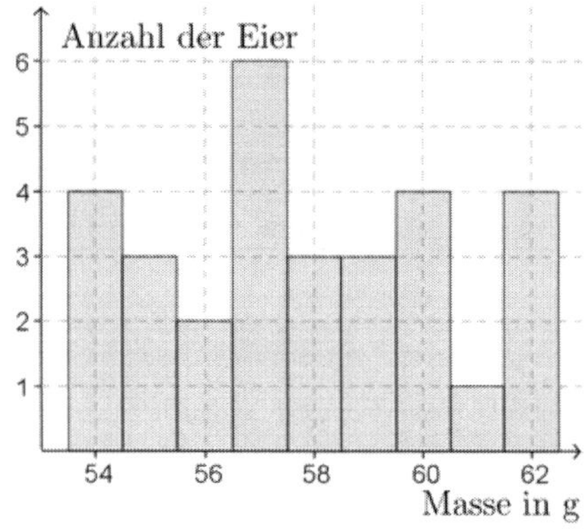

Lösung 16.1.3.02

1 $\bar{x} = 164{,}92$

2 Diagramm:

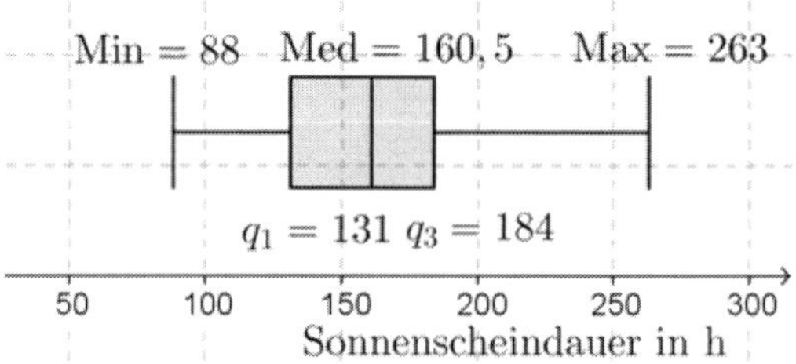

Lösung 16.1.3.03

1 $\bar{x} = 9{,}92$ °C

2 Diagramm:

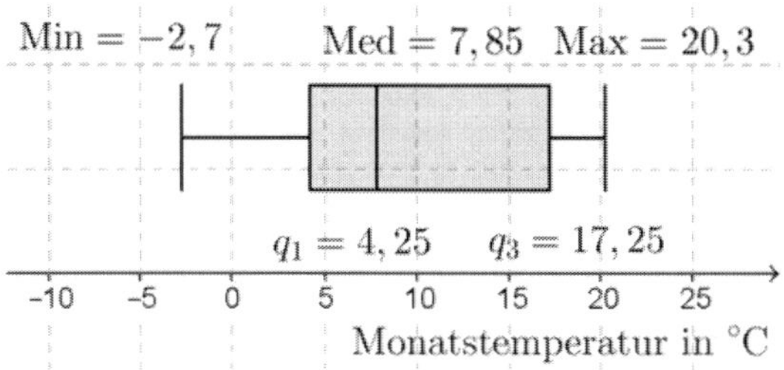

Lösung 16.1.3.04

177 cm

153 cm

30

90

60

Lösung 16.1.3.05

1 $\bar{x} = 7{,}39$ L/100 km

2 Ja ist richtig, da der Median 7,4 ist.

3 Das bedeutet, dass in 25 % der Fälle mehr als 8,7 L/100 km verbraucht wurden.

4 Diagramm:

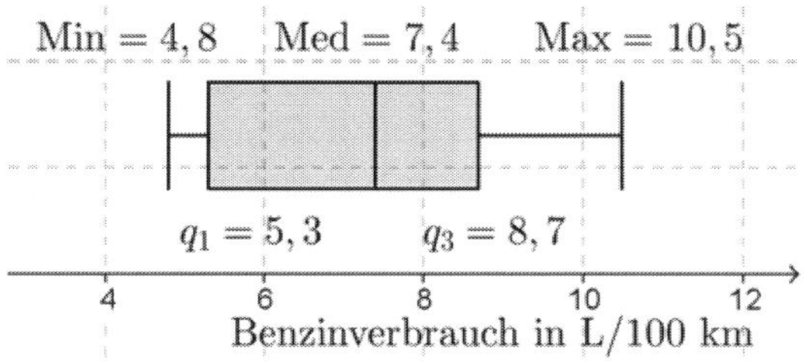

Lösung 16.1.3.06

Vorschlag	**1** Entscheidung	**2** Begründung
1	stichhaltig	ja für den Median, aber nicht für das arithmetische Mittel
2	stichhaltig	weil jede Note einen Punktebereich hat und somit kann man kein arithmetisches Mittel bilden
3	nicht stichhaltig	da der Median sehr wohl definiert ist, wenn Werte mehrfach auftreten

3 Markieren

stichhaltig	nicht stichhaltig
	X
X	
	X

Lösung 16.1.3.07

$$65 = \frac{43 + 38 + 83 + 76 + x}{5} \rightarrow x = 85$$

Lösung 16.1.3.08

Lösung 16.1.3.09

1

Gäste aus:	relative Häufigkeiten in Prozent
Österreich	23,19
Deutschland	37,16
Niederlande	8,38
anderen Länder	31,27

2 Diagramm

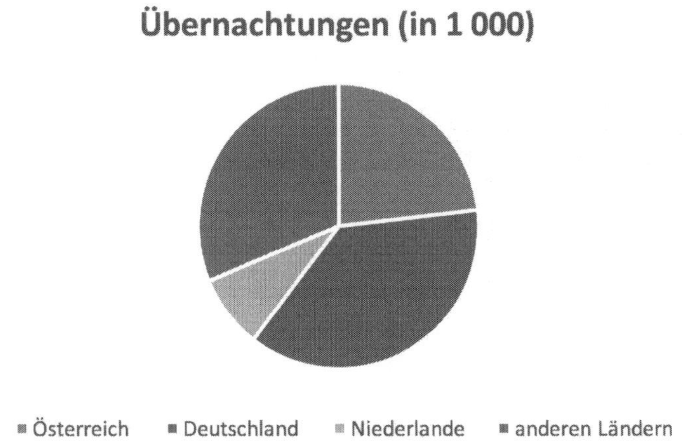

Lösung 16.1.3.10

1 Es gibt mindestens 3,5 h Betreuungszeit pro Woche.
Es gibt maximal 9 h Betreuungszeit pro Woche.
In 50 % der Fälle gibt es zwischen 4,5 h und 7,5 h Betreuungszeit pro Woche.

2 Es gibt keine eindeutige Antwort. Das arithmetische Mittel kann sowohl über als auch unter dem Median liegen oder gleich groß wie der Median sein.

Lösung 16.1.3.11

$\bar{x}$ verändert sich sicher, da in die Berechnung jeder einzelne Wert einfließt.
Der Median ändert sich, wenn nach der Korrektur der SMS-Anzahl der Person, an der 10. oder 11. Stelle der Reihenfolge eine andere SMS-Anzahl steht.

Lösung 16.1.3.12

1

von	bis	relative Häufigkeit in %
	< 1 000	29,09
1 000	< 2 000	45,45
2 000	< 3 000	16,36
3 000	< 4 000	9,09

2 Diagramm:

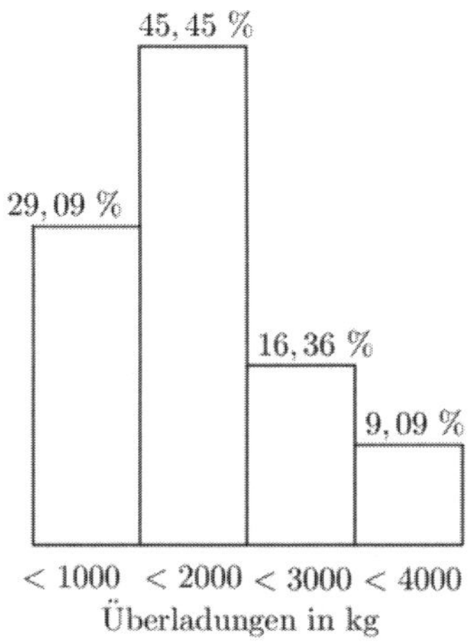

Lösung 16.1.3.13

	öffentlicher Verkehr	Auto	Rad / zu Fuß
1 relative Häufigkeit in %	50	16,67	33,33

2 Diagramm:

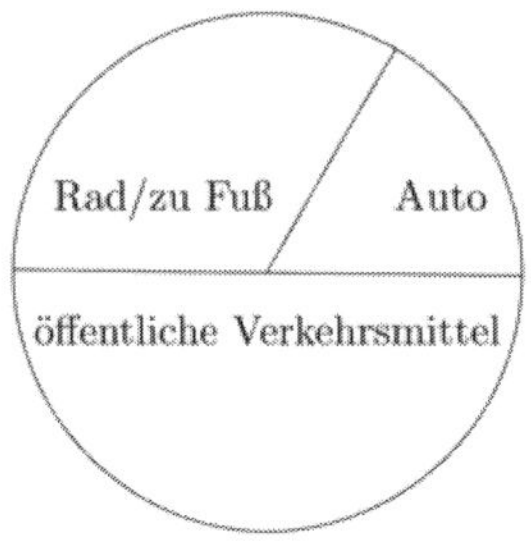

Lösung 16.1.3.14

B → 1 D → 2

16.2 Streumaße (Deskriptor 5.2)

Lösung 16.2.01

1 $\bar{x}$ = 2.250 €
Minimum = 950
q_1 = 980
Median = 1 200
q_3 = 1 500
Maximum = 8 760

2 Die Daten wurden falsch interpretiert, da das durchschnittliche monatliche Bruttoeinkommen nur so hoch ist, weil es einen sehr hohen Ausreißer gibt. Der Median wäre als Berechnungsgrundlage besser geeignet.

3 Hier wurde mit q_3 argumentiert, aber falsch. Richtig wäre 25 %.

A: **4** Falsch, **5** denn wenn es einen Ausreißer nach unten gibt, ist der Median größer.

B: **4** Richtig, **5** da der Median in der Mitte der Datenreihe liegt und beim arithmetischen Mittel alle Werte in die Berechnung einfließen.

C: **4** Falsch, **5** da der Median in der Mitte der geordneten Datenreihe liegt und die Ausreißer nicht berücksichtigt.

D: **4** Falsch, **5** da der Median von einer ungeordneten Datenreihe nicht bestimmt werden kann.

Lösung 16.2.02

1 Im Durchschnitt sind beide gleich gut. In Salzburg gibt es ein konstanteres Mannschaftsergebnis, da die Standardabweichung geringer ist. In Graz gibt es dafür mehr gute und schlechte Springer.

2 Markieren:

wahr	falsch
	X
X	
	X
	X

Lösung 16.2.03

1 $\bar{V} = \frac{V(2016) - V(2010)}{2016 - 2010} = \frac{14\,327 - 13\,439}{6} = 148$ GWh/Jahr

2 $\frac{V(2016) - V(2014)}{V(2014)} = \frac{14\,327 - 13\,008}{13\,008} = -10{,}14\ \%$

Lösung 16.2.04

1 Berechnungen:

	$\bar{x}$	s	Median	q_1	q_3	Max	Min	Spannw.
Öst.	2 132,5	151,54	2 119,5	2 016	2 249	2 321	1 970	351
Wien	763,75	117,96	710,5	698	829,5	940	694	246
Salzb.	119,25	9,22	117,5	113,5	125	132	110	22

2 Diagramme:

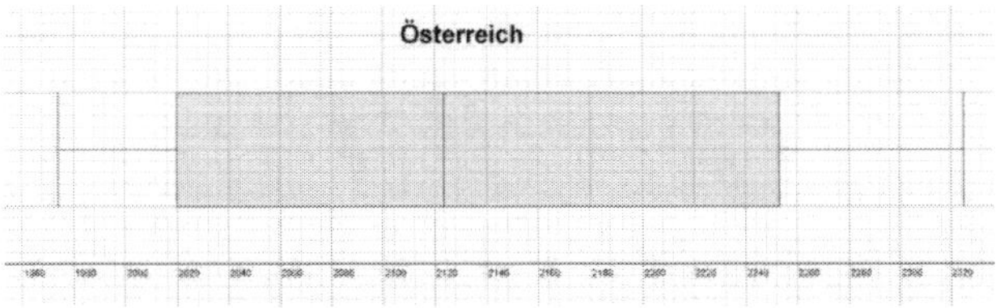

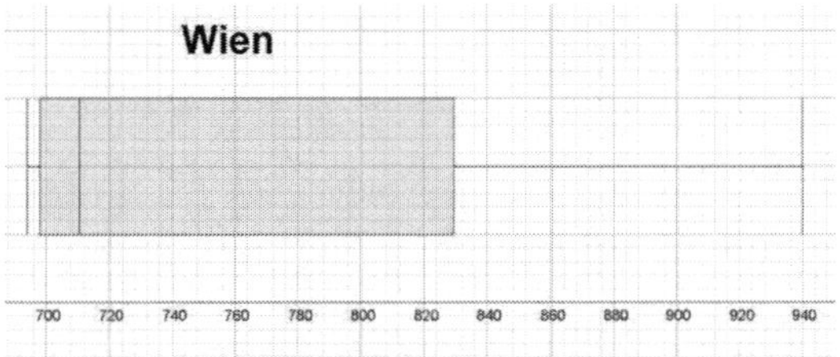

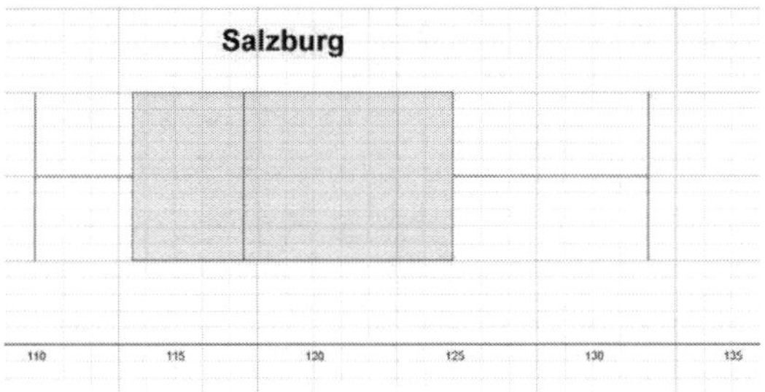

3 $\frac{112}{2\,064} = 5{,}33\ \%$

4 $\frac{(n+1).\text{Quartal} - n.\text{Quartal}}{n.\text{Quartal}} \cdot 100\ \%$ mit $1 \leq n \leq 3$

Lösung 16.2.05

1 Die Behauptung ist falsch.

2 Weil wenn $s = 5$ ist, muss mindestens ein Wert größer als 25 sein.

3 Die Spannweite ändert sich nicht, da das Maximum und Minimum gleich bleiben.

4 Das ist richtig, da der Abstand zu $\bar{x}$ kleiner als s ist.

Lösung 16.2.06

1 $\bar{x}_{neu} = \bar{x} + 7 = 122 \quad s_{neu} = s$

2 $\bar{x} = \frac{4 \cdot 60 + 80}{5} = 64$

Lösung 16.2.07

1 Grafik:

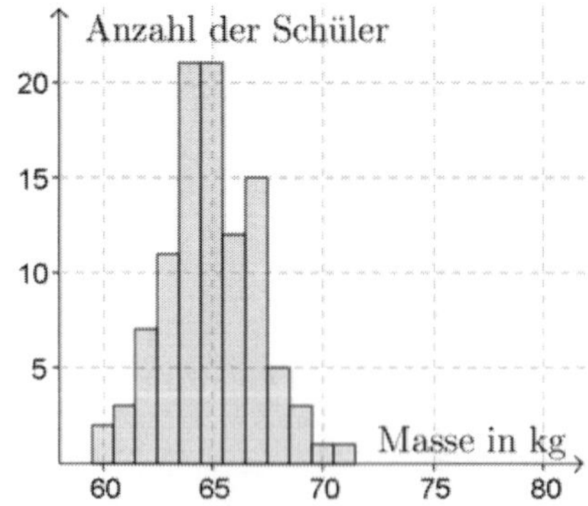

2 Bei 64 kg und 65 kg treten die größten Häufigkeiten auf. Die leichtesten Schüler/innen wiegen 60 kg und der/die schwerste Schüler/in liegt bei 71 kg. Der große Teil des Jahrganges liegt im Bereich 63 kg bis 67 kg.

3 $\bar{x} = 64{,}94$ kg

4 Der Median ist aussagekräftiger, denn übergewichtige bzw. untergewichtige Schüler/innen beeinflussen das arithmetische Mittel sehr stark.

5 Die empirische Standardabweichung *s* gibt an, wie stark die Massen der Schüler/innen um das arithmetische Mittel streuen.

Lösung 16.2.08

Gruppe A war besser, weil sie mehr sehr gute Noten hatte und das eine schlechte Resultat verfälscht das Durchschnittsergebnis der Gruppe komplett.

Lösung 16.2.09

1 Die Umfrage von Zeitung 3 ist am aussagekräftigsten.

2 Da die Stichprobe 1 000 Stimmberechtigte waren und sie alle zufällig ausgewählt wurden.

Lösung 16.2.10

1 D ist richtig.

2 Weil es gilt: $\bar{x} = \frac{4\,260 \cdot 10 + 900}{10} = 4\,350$

Lösung 16.2.11

Aussage 2 ist richtig.

16.3 Klasseneinteilung, Häufigkeiten (Deskriptor 5.1)

Lösung 16.3.01

1 540 000 – 590 000 = –50 000 Kriminalfälle

2 Im Zeitraum von 2004 bis 2013 sind um 50 000 Kriminalfälle weniger verübt worden.

3 Diagramm:

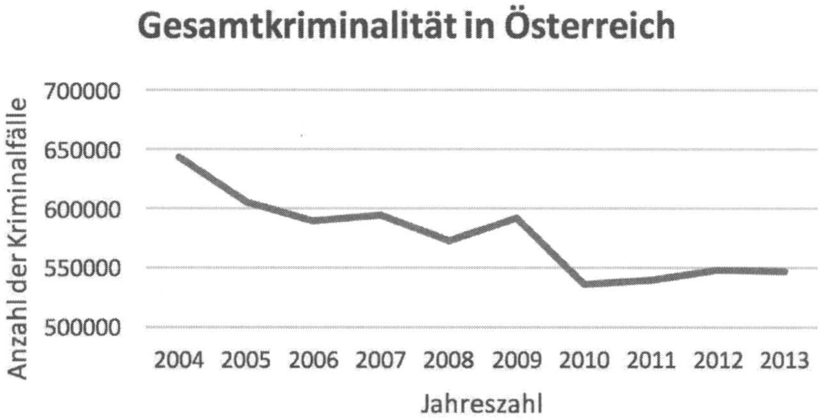

Lösung 16.3.02

1 Klasseneinteilung 1:

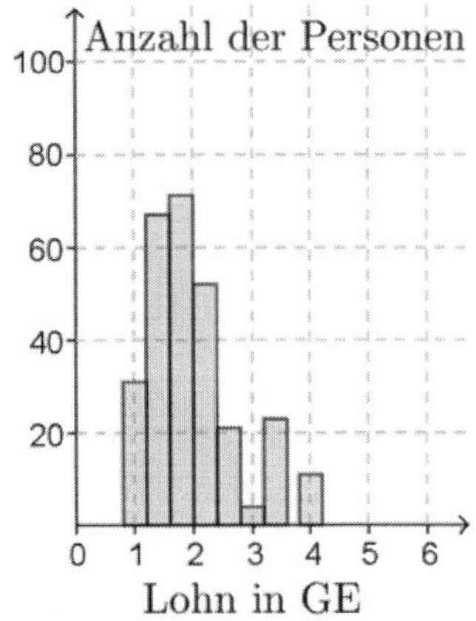

Klasseneinteilung 2:

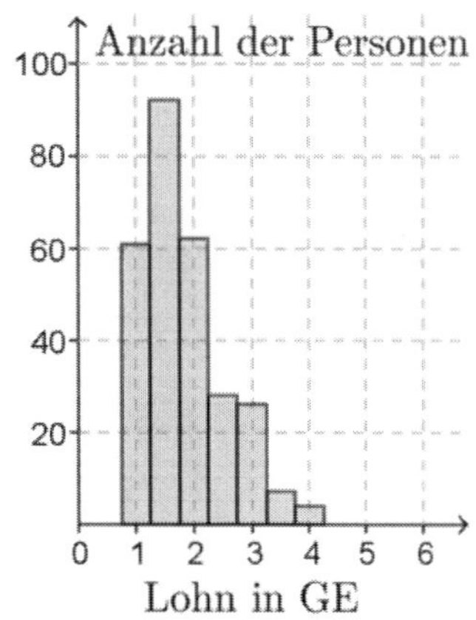

2 Die Diagramme sehen unterschiedlich aus, weil die Klassenbreite beim 2. Diagramm vergrößert wurde, und somit erhöht sich die Anzahl der Personen pro Klasse.

3 $\bar{x}$ = 1,985 GE

4 s = 0,708 GE

5 Die empirische Standardabweichung s gibt an, wie stark die Gehälter um das arithmetische Mittel streuen.

Lösung 16.3.03

1

Klassenmitte in €	55	155	255	355

2 $\bar{x} = 218{,}81$ €

3 Diagramm:

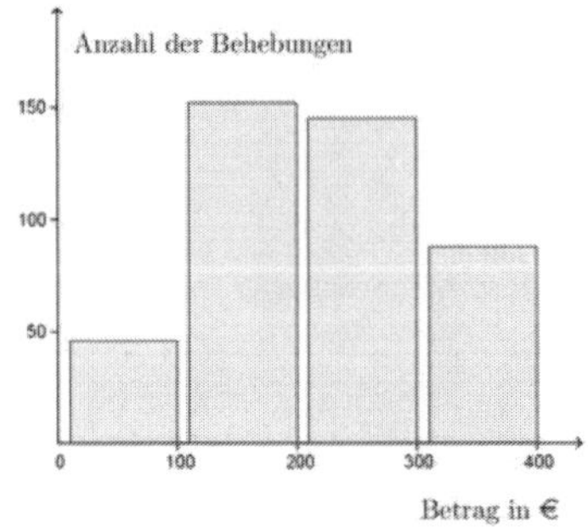

4 Das arithmetische Mittel wäre nicht aussagekräftig, da der Wert 9 100 es nach oben verschiebt.

5 Median

6 Der Median ist geeignet, da er stabil gegenüber Ausreißern ist.

Lösung 16.3.04

1 Diagramm:

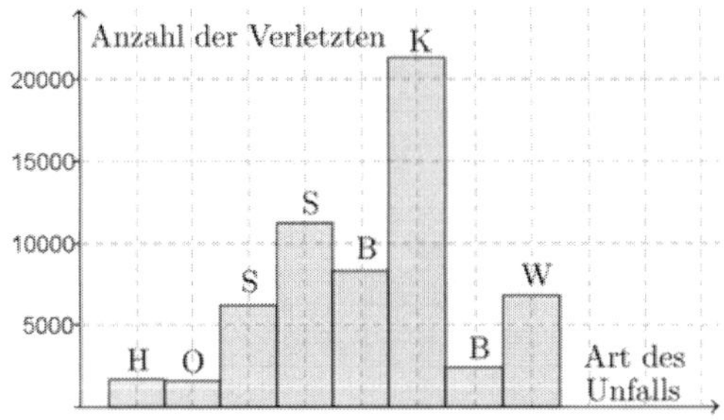

2 $398\,000 \cdot 0{,}32 \cdot 0{,}008 \approx 1\,018$ Verletzte, die mit dem Krankenwagen abtransportiert wurden.

Lösung 16.3.05

1

Altersklasse	3	4	5	6	7	8
rel. Häuf. in %	85	71,05	60,61	58,82	40,91	23,08

2 Diagramm:

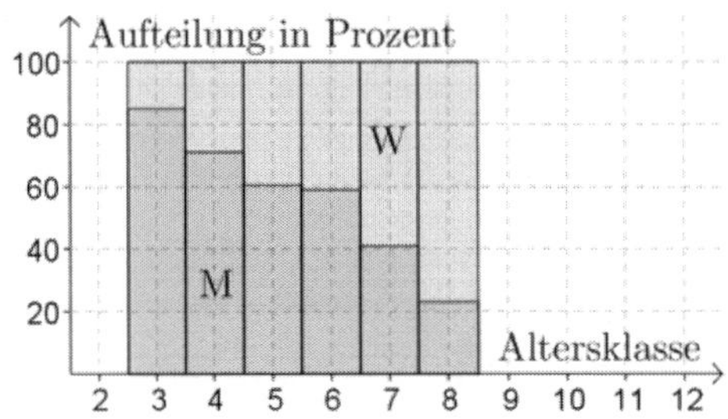

3 $\bar{x} = 37{,}94$ cm

4 Man bildet zuerst jeweils die Summe der weiblichen und männlichen Fische je Altersklasse und multipliziert sie mit der mittleren Länge. Danach addiert man die erhaltenen Werte und dividiert durch die Anzahl aller Fische.

Lösung 16.3.05

5 Im Durchschnitt ist ein weiblicher Fisch um ca. 4 cm länger als ein männlicher Fisch. Die Spannweite ist bei den weiblichen Fischen um ca. 4,5 cm größer als bei den männlichen Fischen.

Lösung 16.3.06

1 $\bar{x}$ = 298,35 ml   Median = 297,5 ml

2 Wenn der maximale Wert größer wird, dann bleibt der Median konstant und das arithmetische Mittel wird größer.

3 Diagramm:

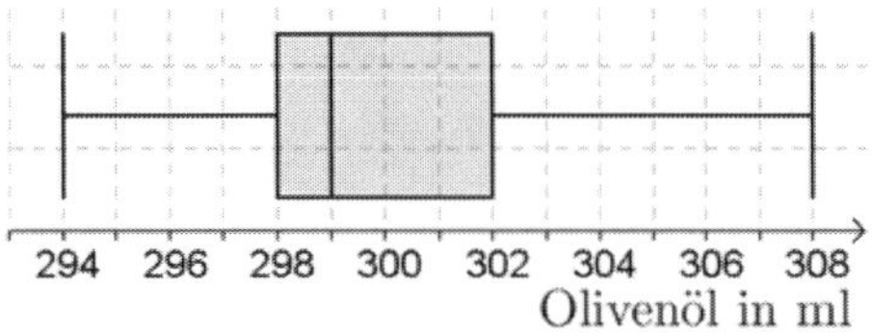

4 25 % der Flaschen haben eine Füllmenge zwischen 295 ml und 296 ml.
50 % der Flaschen haben eine Füllmenge zwischen 296 ml und 300 ml.
25 % der Flaschen haben eine Füllmenge zwischen 300 ml und 304 ml.
Im Durschnitt ist eine Flasche mit 298 ml gefüllt.

Lösung 16.3.07

Abbildung	**1** Zuordnen	**2** Begründen
1	Aussage 1 Aussage 8	weil das Maximum 5 ist weil in der Urliste kein Wert größer als 5 ist
2	Aussage 3 Aussage 7	weil sie die größte Spannweite hat weil q_3 = 6,5 und Maximum = 11 ist
3	Aussage 2 Aussage 10	weil der Abstand zwischen dem Minimum und q_1 bzw. Maximum und q_3 sehr klein ist weil die Differenz zwischen Maximum und Minimum 5 ergibt
4	Aussage 5 Aussage 9	weil die Abstände zwischen den Quartilen, Median, Maximum und Minimum gleich sind weil q_1 = 3 und q_3 = 6 ist
5	Aussage 4 Aussage 6	weil der Median näher beim Maximum als beim Minimum liegt weil der Median = 5,5 ist

16.4 Regression und Korrelation (Deskriptor B_P_5.1)

Lösung 16.4.01

1 $y = -29{,}909\ldots \cdot x + 513{,}090\ldots \quad r = -0{,}950\,8\ldots$

2

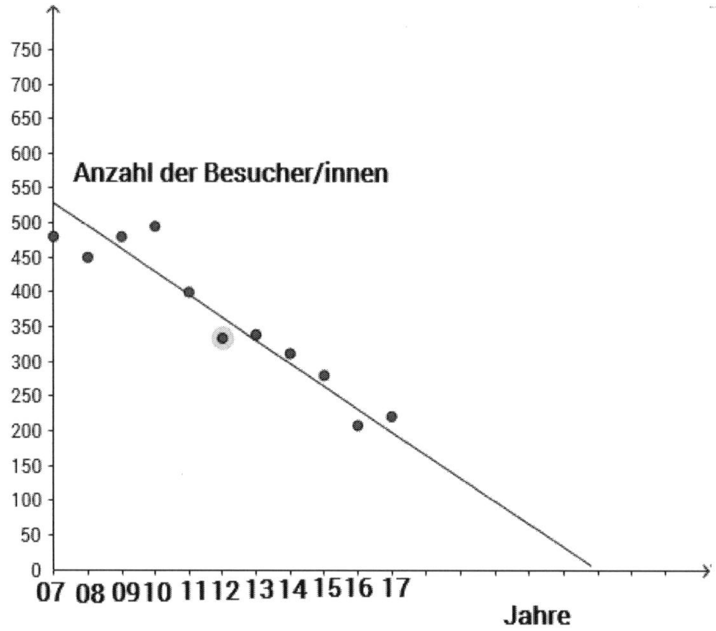

3 Es liegt eine negative Korrelation vor, d.h. mit zunehmenden Jahren nahm die Anzahl der Besucher/innen ab. Da r sehr nahe bei -1 liegt, gibt es einen starken Zusammenhang zwischen der Zahl der Jahre und der Anzahl der Besucher/innen.

4 Im Jahr 2020 werden diesem Trend zufolge nur mehr ca. 154 000 Besucher/innen auf der CeBIT sein.

Lösung 16.4.02

1 $\bar{x} = 85{,}8 \qquad s = 16{,}46$

2 Der Wert 45 muss hier als Ausreißer gelten. Da das arithmetische Mittel stark auf Ausreißer reagiert und der Median nicht, sollte hier besser der Median verwendet werden.

3 Median: 83 Punkte q_1: 76 Punkte q_3: 87 Punkte
Interquartilsabstand: 11 Punkte

4 Die Behauptung von Peter ist falsch, weil 85 Punkte weniger als q_3 sind und damit mehr als 25 % die Eignungsprüfung bestanden haben.

5 Antwort 3 ist richtig.

6 Diese Teilnehmer/innen hatten im Maturazeugnis einen Notendurchschnitt von 1,1 bis 3,5. Es liegt eine breite Streuung vor.

7 Das schlechteste Ergebnis liegt bei 73 Punkten, das beste bei 97 Punkten. Die Spannweite beträgt somit 24 Punkte.

Lösung 16.4.03

1 $T(t) = -0{,}008\,2 \cdot t^3 + 0{,}199\,0 \cdot t^2 - 0{,}497\,8 \cdot t + 4{,}826\,0$

2 $\frac{T(16) - T(10)}{16 - 10} = 0{,}455\ldots$

3 Die Temperatur steigt im Durchschnitt um 0,43 °C/h.

Lösung 16.4.04

1 $y = -29{,}72 \cdot x + 192{,}87$

2 $y = 7{,}54 \cdot x^2 - 90{,}05 \cdot x + 263{,}26$

3 $y = 270{,}2 \cdot 0{,}591\,8^x$

4

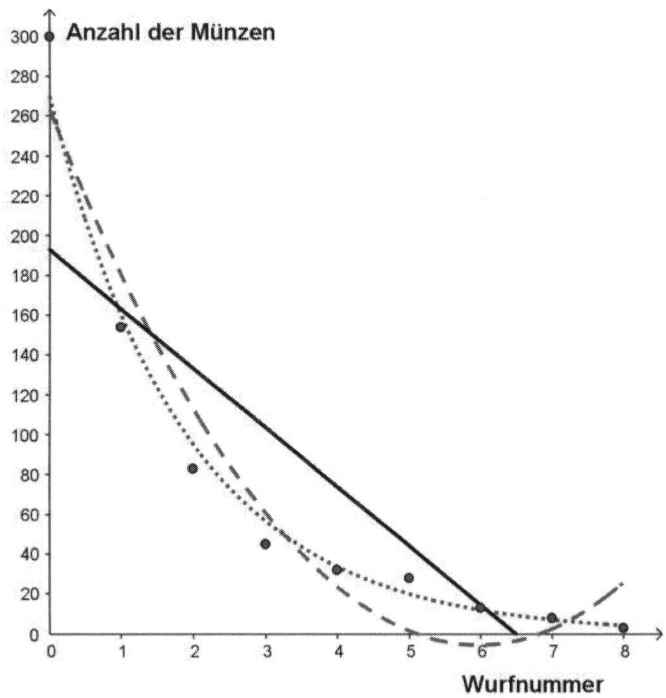

5 Das exponentielle Modell beschreibt das Versuchsergebnis am passendsten.

Lösung 16.4.05

1 $h(t) = 0{,}074 \cdot t^4 - 1{,}766 \cdot t^3 + 10{,}566 \cdot t^2 + 0{,}246 \cdot t + 24$

2 Nach 5 Tagen beträgt die Höhe des Wasserstandes ca. 114,7 cm.

3 Nach ca. 3 Tagen beträgt die Höhe des Wasserstandes erstmals 80 cm.

4 Den höchsten Wasserstand erhält man mithilfe der Differenzialrechnung folgendermaßen:

Man bildet die 1. Ableitung der Funktion *h*, setzt sie null und löst die Gleichung nach *t* auf. Die erhaltenen Werte setzt man in die 2. Ableitung ein. An jener Stelle, wo diese einen negativen Wert aufweist, ist das Maximum. Setzt man diese Stelle in die Funktion *h* ein, so erhält man den höchsten Wasserstand.

5 $h''(t) = 0 \rightarrow t = 9{,}577\ldots$

Zwischen dem 9. und dem 10. Tag ist die Höhe des Wasserstandes am stärksten gesunken.

17 Wahrscheinlichkeitsrechnung

17.1 Klassische Definition der Wahrscheinlichkeit (Deskriptoren 5.3, 5.4)

Lösung 17.1.01

1 $\Omega = \{KK, KZ, ZK, ZZ\}$

2 $A = \{KK\} \quad B = \{KZ\}$

Lösung 17.1.02

1 $\Omega = \{11, 12, 13, 14, 15, 16, 21, 22, 23, 24, 25, 26, 31, 32, 33, 34, 35, 36, 41, 42, 43, 44, 45, 46, 51, 52, 53, 54, 55, 56, 61, 62, 63, 64, 65, 66\}$

2 Ereignisse:

a) $A = \{22, 24, 26, 42, 44, 46, 62, 64, 66\}$

b) $B = \{33, 36, 63, 66\}$

c) $C = \{14, 23, 32, 41\}$

d) $D = \{22, 23, 25, 32, 33, 35, 52, 53, 55\}$

Lösung 17.1.03

a) $P(A) = \frac{1}{6}$

b) $P(B) = \frac{3}{6} = \frac{1}{2}$

c) $P(C) = \frac{3}{6} = \frac{1}{2}$

d) $P(D) = \frac{3}{6} = \frac{1}{2}$

e) $P(E) = \frac{1}{6}$

f) $P(F) = \frac{2}{6} = \frac{1}{3}$

Lösung 17.1.04

1 $\Omega = \{G, R, B\}$

2 Wahrscheinlichkeiten:

a) $P(A) = \frac{6}{19}$

b) $P(B) = \frac{11}{19}$

c) $P(C) = \frac{5}{19}$

d) $P(D) = \frac{8}{19}$

Lösung 17.1.05

a) $P(A) = \frac{18}{37}$

b) $P(B) = \frac{18}{37}$

c) $P(C) = \frac{1}{37}$

d) $P(D) = \frac{9}{37}$

Lösung 17.1.06

a) $P(A) = \frac{25}{400} = \frac{1}{16}$

b) $P(B) = \frac{375}{400} = \frac{15}{16}$

17.4 Bedingte Wahrscheinlichkeit, Baumdiagramm (Deskriptor 5.4)

Lösung 17.4.01

a) $P(A) = \frac{2}{37}$

b) $P(B) = \frac{4}{37}$

c) $P(C) = \frac{12}{37}$

d) $P(D) = \frac{3}{37}$

Lösung 17.4.02

a) $P(A) = \frac{1}{4}$

b) $P(B) = \frac{3}{4}$

c) $P(C) = \frac{1}{2}$

Lösung 17.4.03

a) $P(A) = \frac{1}{36}$

b) $P(B) = \frac{11}{36}$

c) $P(C) = \frac{1}{6}$

d) $P(D) = \frac{25}{36}$

e) $P(E) = \frac{5}{18}$

f) $P(F) = \frac{1}{12}$

Lösung 17.4.04

1 Diagramm:

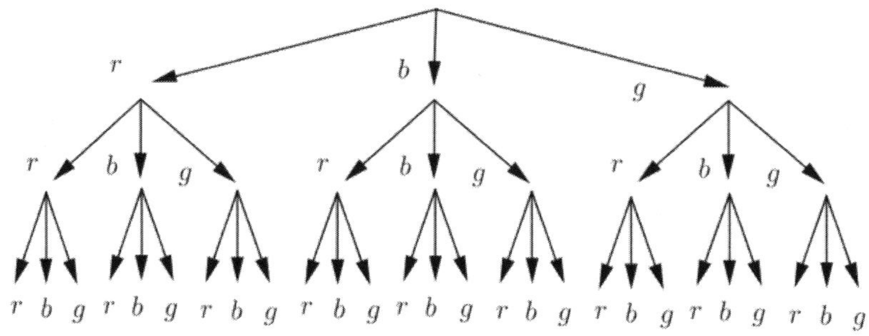

2 Wahrscheinlichkeiten von Ereignissen:

a)(1) $P(\text{r,b,g}) = \frac{1}{5} \cdot \frac{4}{15} \cdot \frac{8}{15} = \frac{32}{1\,125} = 2{,}84\ \%$

(2) $P(2r, 1g) = 3 \cdot \frac{1}{5} \cdot \frac{1}{5} \cdot \frac{8}{15} = \frac{8}{125} = 6{,}4\ \%$

(3) $P(\text{g,g,g}) = \left(\frac{8}{15}\right)^3 = \frac{512}{3\,375} = 15{,}17\ \%$

b) (1) $P(\text{r,b,g}) = \frac{3}{15} \cdot \frac{4}{14} \cdot \frac{8}{13} = \frac{16}{455} = 3{,}52\ \%$

(2) $P(2r, 1g) = 3 \cdot \frac{3}{15} \cdot \frac{2}{14} \cdot \frac{8}{13} = \frac{24}{455} = 5{,}27\ \%$

(3) $P(\text{g,g,g}) = \frac{8}{15} \cdot \frac{7}{14} \cdot \frac{6}{13} = \frac{8}{65} = 12{,}31\ \%$

Lösung 17.4.05

1 $P(X = 2) = \frac{2}{5} \cdot \frac{1}{4} = \frac{1}{10} = 10\ \%$

$P(X = 1) = 2 \cdot \frac{2}{5} \cdot \frac{3}{4} = \frac{6}{10} = 60\ \%$

$P(X = 0) = \frac{3}{5} \cdot \frac{2}{4} = \frac{3}{10} = 30\ \%$

2 $X = 2 \rightarrow$ 5 Punkte $\rightarrow 5 \cdot 0{,}1 = 0{,}5$ Punkte

$X = 1 \rightarrow$ 3 Punkte $\rightarrow 3 \cdot 0{,}6 = 1{,}8$ Punkte

$X = 0 \rightarrow$ 1 Punkt $\rightarrow 1 \cdot 0{,}3 = 0{,}3$ Punkte

3 Insgesamt erreicht man durch Raten bei zwei Antworten durchschnittlich 2,6 Punkte.

$P(X = 1) = \frac{2}{5} = 40\ \% \rightarrow$ 4 Punkte $\rightarrow 4 \cdot 0{,}4 = 1{,}6$ Punkte

$P(X = 0) = \frac{3}{5} = 60\ \% \rightarrow$ 2 Punkte $\rightarrow 2 \cdot 0{,}6 = 1{,}2$ Punkte

Insgesamt erreicht man durch Raten bei einer Antwort durchschnittlich 2,8 Punkte.

Lösung 17.4.06

1 Diagramm:

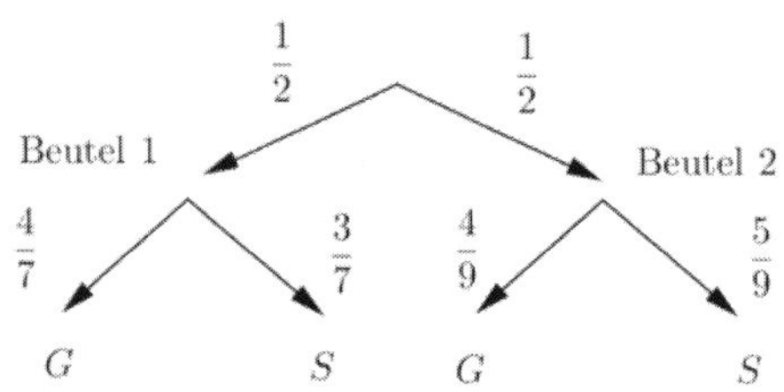

2 $P(X = G) = \frac{1}{2} \cdot \frac{4}{7} + \frac{1}{2} \cdot \frac{4}{9} = \frac{32}{63} = 50{,}79\ \%$

Lösung 17.4.07

1 Diagramm:

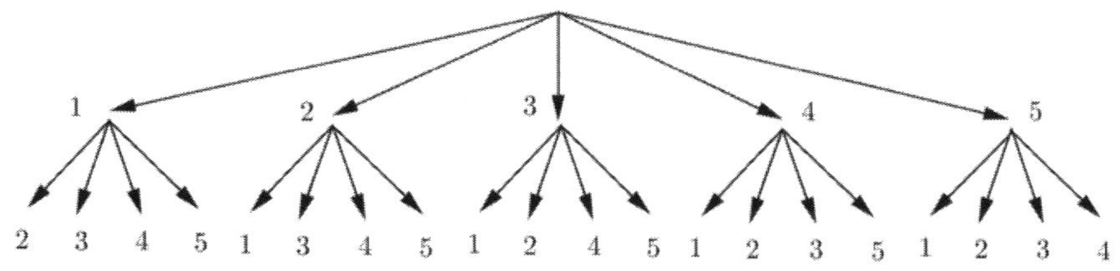

2 Wahrscheinlichkeiten:

a) $P(1.\text{K} = \text{ungerade}) = \frac{3}{5} = 60\ \%$

b) $P(2.\text{K} = \text{gerade}) = \frac{8}{20} = \frac{2}{5} = 40\ \%$

c) $P(1.\text{K} \vee 2.\text{K} \vee \text{beide} = \text{gerade}) = 1 - P(\text{beide} = \text{ungerade}) =$
$= 1 - \frac{3}{5} \cdot \frac{2}{4} = \frac{7}{10} = 70\ \%$

Lösung 17.4.08

a) $P(\text{männlich}) = 55\ \%$

b) $P(\text{Nichtraucher} \wedge \text{nicht von auswärts}) = 0{,}68 \cdot 0{,}75 = 51\ \%$

c) $P(\text{nicht auswärts} \wedge \text{raucht} \wedge \text{männlich}) = 0{,}75 \cdot 0{,}32 \cdot 0{,}55 = 13{,}2\ \%$

Lösung 17.4.09

1 Diagramm:

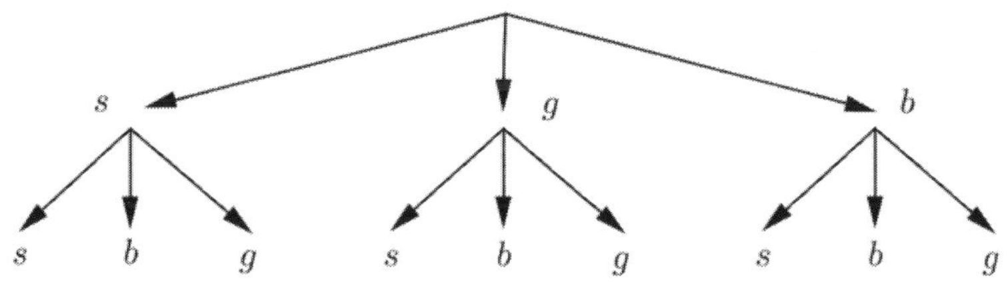

2 $P(ss \vee bb \vee gg) = \frac{4}{12} \cdot \frac{3}{11} + \frac{6}{12} \cdot \frac{5}{11} + \frac{2}{12} \cdot \frac{1}{11} = \frac{1}{3} = 33{,}33\ \%$

Lösung 17.4.10

1 Diagramm:

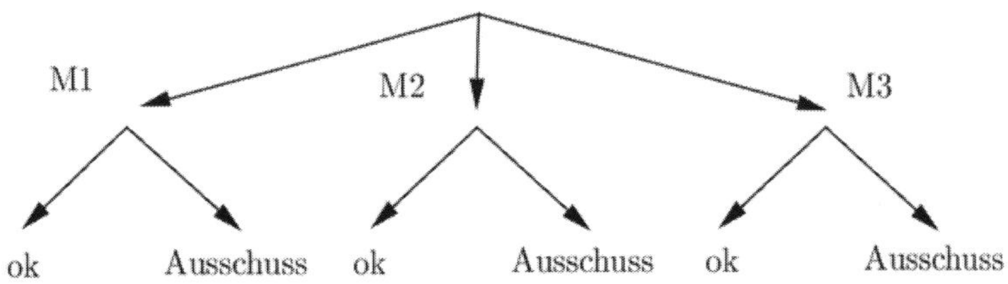

2 $0{,}27 \cdot x + 0{,}31 \cdot 0{,}035 + 0{,}42 \cdot 0{,}04 = 0{,}045 \rightarrow x = 6{,}43\ \%$

Lösung 17.4.11

1 $x = 200 \cdot 0{,}03 + 300 \cdot 0{,}02 + 100 \cdot 0{,}05 = 17$ Rosen sind verwelkt

2

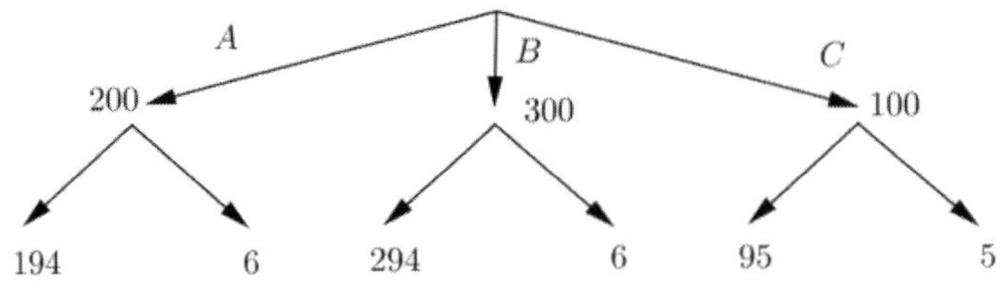

Im Baumdiagramm erkennt man, dass insgesamt 17 Rosen verwelkt sind. Davon stammen 6 Rosen aus der Gärtnerei *B*.
Deshalb gilt: $P(B|\text{verwelkt}) = \frac{6}{17} = 35{,}29\ \%$

Lösung 17.4.12

1 Diagramm:

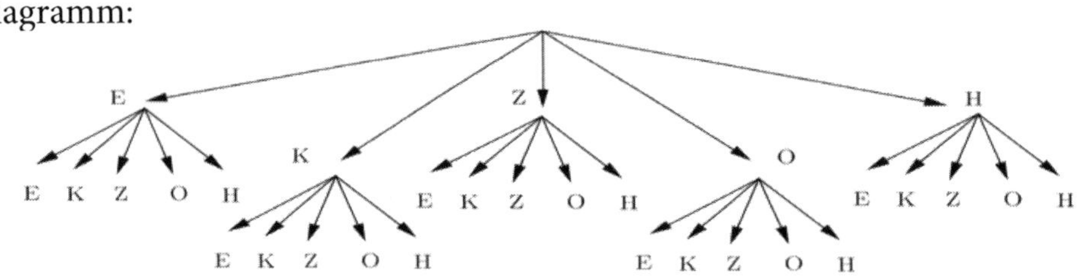

nur die ersten zwei Ziehungen visualisiert

2 Wahrscheinlichkeiten:

a) $P(\text{EEE} \vee \text{ZZZ}) = \frac{5}{30} \cdot \frac{4}{29} \cdot \frac{3}{28} + \frac{10}{30} \cdot \frac{9}{29} \cdot \frac{8}{28} = \frac{13}{406} = 3{,}20\ \%$

b) $P(\text{mind. 1 K}) = 1 - P(\text{kein K}) = 1 - \frac{25}{30} \cdot \frac{24}{29} \cdot \frac{23}{28} = \frac{88}{203} = 43{,}35\ \%$

c) $P(2\text{ H}) = \frac{2}{30} \cdot \frac{1}{29} \cdot \frac{28}{28} \cdot 3 = \frac{1}{145} = 0{,}69\ \%$

18 Wahrscheinlichkeitsdichten

18.3 Häufigkeitsverteilungen und Wahrscheinlichkeitsdichten

Lösung 18.3.01

1 $\mu = 35 \cdot \frac{1}{37} - 1 \cdot \frac{36}{37} = -\frac{1}{37}$

$\sigma^2 = \left(35 - \left(-\frac{1}{37}\right)\right)^2 \cdot \frac{1}{37} + \left(-1 - \left(-\frac{1}{37}\right)\right)^2 \cdot \frac{36}{37} = 34{,}08$

2 $\mu = 1 \cdot \frac{18}{37} - 1 \cdot \frac{19}{37} = -\frac{1}{37}$

$\sigma^2 = \left(1 - \left(-\frac{1}{37}\right)\right)^2 \cdot \frac{18}{37} + \left(-1 - \left(-\frac{1}{37}\right)\right)^2 \cdot \frac{19}{37} = 0{,}999$

Lösung 18.3.02

$\mu = 50 \cdot \frac{80}{500} + 2 \cdot \frac{120}{500} + 1 \cdot \frac{50}{500} = 8{,}58$

$\sigma^2 = (50 - \mu)^2 \cdot \frac{80}{500} + (2 - \mu)^2 \cdot \frac{120}{500} + (1 - \mu)^2 \cdot \frac{50}{500} + (0 - \mu)^2 \cdot \frac{250}{500} = 327{,}44$

Lösung 18.3.03

$\mu = 12^2 \cdot \left(\frac{1}{3}\right)^2 + 5^2 \cdot \left(\frac{1}{2}\right)^2 + 12 \cdot 5 \cdot \frac{1}{3} \cdot \frac{1}{2} \cdot 2 = 42{,}25$

$\sigma^2 = (144 - \mu)^2 \cdot \frac{1}{9} + (25 - \mu)^2 \cdot \frac{1}{4} + (60 - \mu)^2 \cdot \frac{1}{3} + (0 - \mu)^2 \cdot \frac{11}{36} = 1\,875{,}19$

Lösung 18.3.04

$\mu = a \cdot p - e \cdot (1 - p) = 0 \rightarrow e = a \cdot \frac{p}{1 - p} \rightarrow \frac{e}{a} = \frac{p}{1 - p}$

Lösung 18.3.05

1 Erwartungswerte:

	mit Versicherung	ohne Versicherung
Unfall	114	360
kein Unfall	54	0

$\mu_{\text{Vers}} = 114 \cdot 0{,}07 + 54 \cdot 0{,}93 = 58{,}20$ €

$\mu_{\text{ohneVers}} = 360 \cdot 0{,}07 = 25{,}20$ €

2 Man sollte diese Versicherung nicht abschließen, da sie einen schlechteren Erwartungswert hat als ohne Versicherung.

Lösung 18.3.06

1 Tabelle:

X	1	3	5
$P(X)$	$\frac{1}{2}$	$\frac{1}{3}$	$\frac{1}{6}$

2 Diagramm:

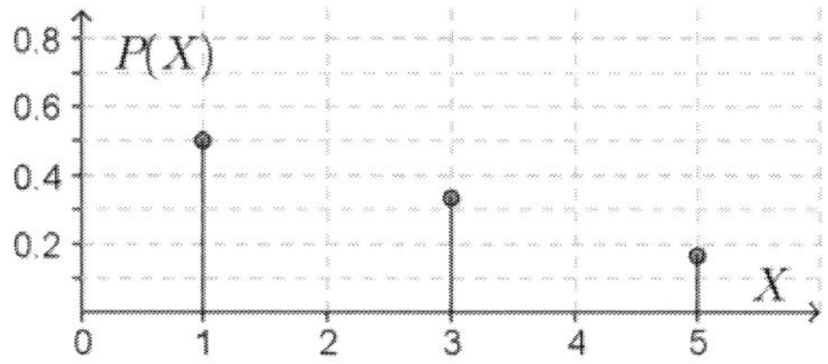

3 Diagramm:

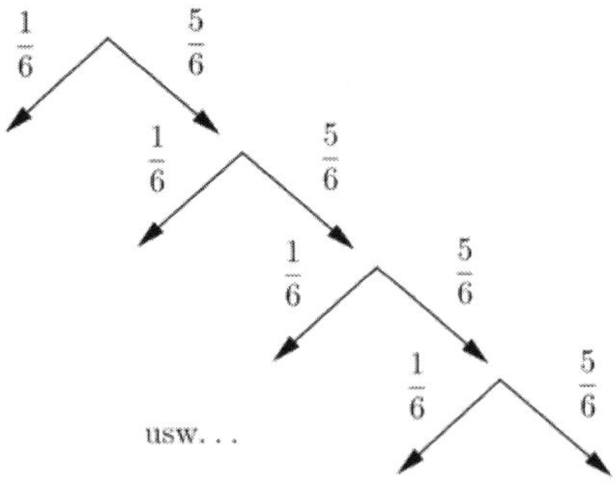

4 $P\left(Z = 4\right) = \left(\frac{5}{6}\right)^3 \cdot \left(\frac{1}{6}\right) = \frac{125}{1\,296} = 9{,}65\ \%$

Lösung 18.3.07

1

Anzahl der Züge	1	2	3	4
Zugehörige Wahrscheinlichkeit	$\frac{4}{10} = \frac{2}{5}$	$\frac{6}{10} \cdot \frac{4}{9} = \frac{2}{3}$	$\frac{6}{10} \cdot \frac{5}{9} \cdot \frac{4}{8} = \frac{1}{6}$	$\frac{6}{10} \cdot \frac{5}{9} \cdot \frac{4}{8} \cdot \frac{4}{7} = \frac{2}{21}$

2 $E(Z) = 1 \cdot \frac{2}{5} + 2 \cdot \frac{2}{3} + 3 \cdot \frac{1}{6} + 4 \cdot \frac{2}{21} = 2{,}614\ldots \approx 2{,}61$

3 Der Erwartungswert gibt an, wie viele Züge man im Mittel benötigt, bis ein rotes Gummibärchen gezogen wird.

Lösung 18.3.08

1

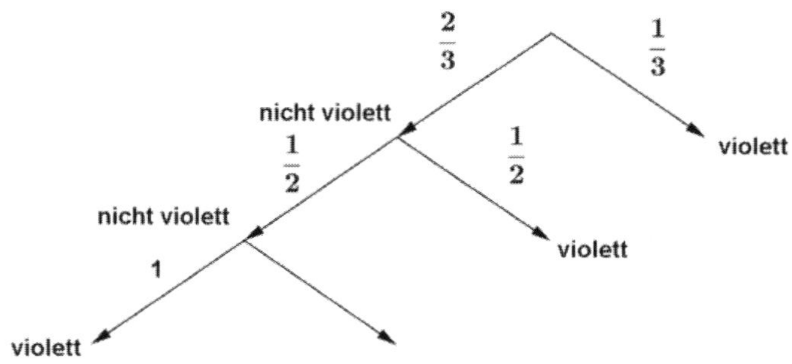

2

Anzahl der Züge	Wahrscheinlichkeit
1	$\frac{1}{3}$
2	$\frac{2}{3} \cdot \frac{1}{2} = \frac{1}{3}$
3	$\frac{2}{3} \cdot \frac{1}{2} = \frac{1}{3}$

3 $E(H) = 1 \cdot \frac{1}{3} + 2 \cdot \frac{1}{3} + 3 \cdot \frac{1}{3} = 2$

18.4 Binomialverteilung (Deskriptor 5.5)

Lösung 18.4.01

1 Tabelle:

G	0	1	2
$P(G)$	0,64	0,32	0,04

2 Diagramm:

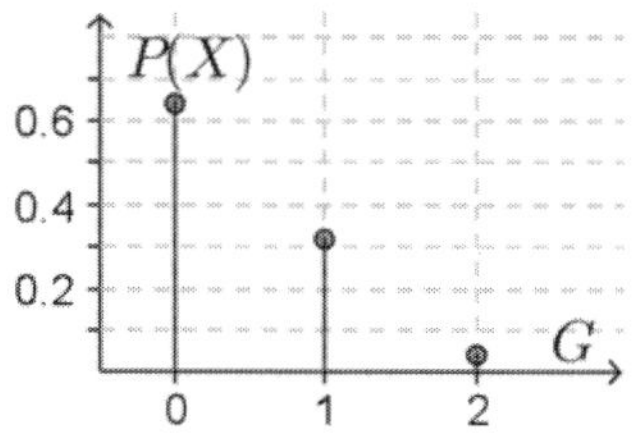

Lösung 18.4.02

1 p ist konstant, es gibt nur 2 mögliche Ausgänge und die Kontrollen sind voneinander unabhängig.

2 $P(S = 0) = 72{,}90\ \%$

$P(S = 1) = 24{,}30\ \%$

$P(S = 2) = 2{,}70\ \%$

$P(S = 3) = 0{,}10\ \%$

3 Die Wahrscheinlichkeit für mehr als einen Schmuggler berechnet man, indem man von 1 die Wahrscheinlichkeit für keinen und einen Schmuggler subtrahiert.

$P(S > 1) = 1 - P(S = 0) - P(S = 1)$

Lösung 18.4.03

1 p ist konstant, es gibt nur 2 mögliche Ausgänge und die Untersuchungen sind voneinander unabhängig.

2 $P(X = 35) = 7{,}41\ \%$

3 Man berechnet diese Wahrscheinlichkeit am besten, wenn man zuerst mit dem TR-Befehl binomcdf die Wahrscheinlichkeit bis 40 und dann bis 29 ausrechnet und diese voneinander subtrahiert. Oder man rechnet alle Einzelwahrscheinlichkeiten von 30 bis 40 aus und addiert diese.

4 $\mu = n \cdot p = 225$ Personen

Lösung 18.4.04

1 p ist konstant, es gibt nur 2 mögliche Ausgänge und die Stornierungen sind voneinander unabhängig.

2 $P(X > 5) = 1 - P(X \leq 5) = 92{,}30\ \%$

Lösung 18.4.05

1 $P(X = 2) = 2{,}38\ \%$

2 Diagramm:

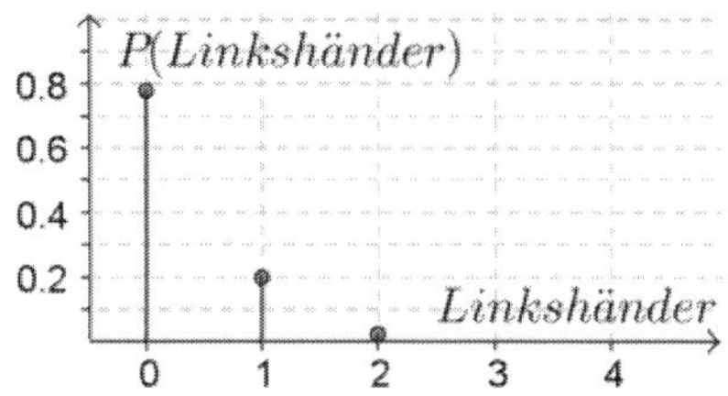

3 Dieser Ausdruck beschreibt die Wahrscheinlichkeit, dass genau 4 Linkshänder/innen im Kurs sind.

Lösung 18.4.06

1 p ist konstant, es gibt nur 2 mögliche Ausgänge und die Alkoholkontrollen sind voneinander unabhängig.

2 $P(X < 3) = P(X \leq 2) = 15{,}14\ \%$

3 Zuerst setzt man die Gleichung an, dass die Wahrscheinlichkeit von mindestens einem alkoholisierten Lenker/einer alkoholisierten Lenkerin größer als 99 % ist. Durch die Gegenwahrscheinlichkeit ergibt sich, dass $P(X = 0) \leq 0{,}01$ ist. Nach dem Einsetzen in die Binomialformel ergibt sich $0{,}85^k \leq 0{,}01$.
Daraus lässt sich k nun berechnen.

Lösung 18.4.07

1 Bei einer Testaufgabe gibt es 5 Möglichkeiten und eine ist richtig.
Daraus folgt: $P(\text{richtig}) = \frac{1}{5} = 20\ \%$

2 $\mu = n \cdot p = 20 \cdot 0{,}2 = 4$ Aufgaben

3 $P(X \geq 12) = 1 - P(X \leq 11) = 0{,}01\ \%$

4 Entweder man erhöht die Anzahl der Fragen oder die Anzahl der Antwortmöglichkeiten.

Lösung 18.4.08

1 Bild 1:

Die markierte Fläche beschreibt, dass maximal 3 richtige Antworten gegeben wurden.

$P(X \leq 3)$

Bild 2:

Die markierte Fläche beschreibt, dass mindestens 5 richtige Antworten gegeben wurden.

$P(X \geq 5)$

2 Die Behauptung ist falsch, denn: $P(X > 4) = 1 - P(X \leq 3) = 35{,}12\,\%$

3 In der Grafik muss man die Säulen inklusive $k = 4$ nach rechts markieren.

Lösung 18.4.09

1 Es müssen die Bedingungen zwei Ausgänge, Wahrscheinlichkeiten sind konstant, Unabhängigkeit erfüllt sein. Bei der Situation 2 ist die Unabhängigkeit nicht erfüllt.

2 Ja ; Nein ; Ja

3 Nein, da nicht zurückgelegt wird.

4 1: $n = 20; p = 0{,}25; k = 10; P(X = 10) = 0{,}99\,\%$

3: $n = 3; p = \frac{18}{37}; k = 3; P(X = 3) = 11{,}51\,\%$

Lösung 18.4.10

1 p ist konstant, es gibt nur 2 mögliche Ausgänge und die Ausschusskontrollen sind voneinander unabhängig.

2 $P(X = 0) = 4{,}22 \cdot 10^{-4}\,\%$

3 $P(X = 5) = 10{,}18\,\%$

Lösung 18.4.11

Aussage 2 ist richtig.

Lösung 18.4.12

1 Aussage 2 ist richtig.

2 Aussage 1: $E(X) = n \cdot p$

Aussage 3: $P(X = 0) = (1 - p)^n$

Aussage 4: $P(X = 1) = \binom{n}{1} \cdot p \cdot (1 - p)^{n-1}$

Aussage 5: $P(X = n) = p^n$

Lösung 18.4.13

1 $P(X \leq 1) = P(X = 0) + P(X = 1) = \left(\frac{15{,}7}{31}\right)^6 + 6 \cdot \left(\frac{15{,}7}{31}\right)^5 \cdot \left(\frac{15{,}3}{31}\right) = 11{,}55\,\%$

2 $82 = \frac{x \cdot 13{,}9 + x \cdot 0{,}5 \cdot 17{,}1}{31} \rightarrow x = 113{,}23\,€$

3 Spannweite $= 6{,}5$ Median $= 5{,}5$ $q_1 = 2{,}5$ $q_3 = 7$ Minimum $= 1$
Maximum $= 7{,}5$

Lösung 18.4.14

1 $P(X = 1\text{ €}) = \frac{1\,350\,000}{5\,500\,000} = 24{,}55\ \%$

2 $P(X > 1\text{ €}) = \frac{387\,300}{5\,500\,000} = 7{,}04\ \%$

3 Da es nur 4 Lose gibt, die den Haupttreffer ergeben, muss man alle bis auf 3 Lose aufkaufen.

4 Zuerst muss das Los einen Glücksraddreh ergeben und dann muss man noch den Haupttreffer erzielen. Die Einzelwahrscheinlichkeiten $\frac{1}{5}$ und $\frac{3}{80}$ müssen deshalb miteinander multipliziert werden.

5 $P(X \geq 1) = 1 - P(X = 0) = 1 - 0{,}905^n \geq 0{,}9 \rightarrow n \geq 23{,}07 \rightarrow n = 24$

Lösung 18.4.15

Der Binomialkoeffizient $\binom{21}{3}$ gibt an, wie viele der 21 Kursteilnehmer/innen in einem Team sind, wenn man drei gleiche große Teams bildet; sein Wert beträgt 1 330.

18.5 Normalverteilung (Deskriptor 5.6)

Lösung 18.5.01

1 $P(X \leq 47) = 6{,}68\ \%$

2 Die Grafik beschreibt die Wahrscheinlichkeit, dass eine produzierte Semmel leichter als 51 g ist.

3 Man berechnet die Wahrscheinlichkeit, dass eine Semmel mehr als 52 g wiegt. Dieser Prozentanteil entspricht den 950 Semmeln und daraus kann man dann die Anzahl der produzierten Semmeln bestimmen.

Lösung 18.5.02

1 Weil die beiden Prozentwerte gleich weit vom Erwartungswert entfernt sind und die Normalverteilung symmetrisch ist.

2 $P(27 \leq X \leq 35{,}5) = 66{,}43\ \%$

3 Die Grafik beschreibt die Wahrscheinlichkeit, dass die Partei S max. 25 % der Wählerstimmen erhält.

Lösung 18.5.03

1 Ja, denn es gilt: $P(174 \leq X \leq 186) = 68{,}27\ \%$

2 $P(180 - a \leq X \leq 180 + a) = 0{,}85 \rightarrow a = 8{,}64\text{ cm} \rightarrow\ ]171{,}36;188{,}64[$

3 Die Grafik beschreibt die Wahrscheinlichkeit, dass ein 18-jähriger Bursche kleiner als 188 cm ist.

Lösung 18.5.04

1 Der schnellste Läufer (19 min) kommt aus der Höhentrainingsgruppe und die Spannweite ist dort um 1 min größer.

2 Die Behauptung ist richtig, da der Median = 23,5 min ist.

3 Beim arithmetischen Mittel fließen in die Berechnung alle Werte ein und somit können Ausreißer das Ergebnis verfälschen.

Der Median steht in der Mitte der geordneten Wertereihe und ist somit stabil gegenüber Ausreißern.

4 $P(X \leq a) = 0{,}08 \rightarrow a = 11{,}52$ s

5 Grafik:

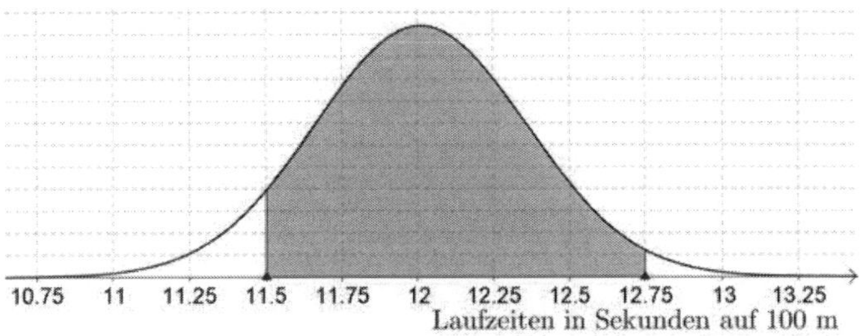

Lösung 18.5.05

1 $P(X = 5) = 0{,}31\ \%$

2 $P(X \leq 2) = P(X = 0) + P(X = 1) + P(X = 2) =$

$$= \binom{30}{0} \cdot 0{,}035^{0} \cdot 0{,}965^{30} + \binom{30}{1} \cdot 0{,}035^{1} \cdot 0{,}965^{29} + \binom{30}{2} \cdot 0{,}035^{2} \cdot 0{,}965^{28} =$$

91,36 %

3 Mit der Binomialverteilung, weil p konstant ist. Es gibt auch nur 2 mögliche Ausgänge und die Beschädigungen sind voneinander unabhängig.

Lösung 18.5.06

1 Ansatz B passt zum Ziehen ohne Zurücklegen, weil sich die Einzelwahrscheinlichkeiten ändern.

2 Ansatz A passt zum Ziehen mit Zurücklegen.

3 $\binom{5}{2}$ berechnet, wie viele Möglichkeiten es gibt, 2 weiße Kugeln bei 5 Versuchen zu Ziehen.

$0{,}3^2$ berechnet die Wahrscheinlichkeit für 2 weiße Kugeln.

$0{,}7^3$ berechnet die Wahrscheinlichkeit für 3 blaue Kugeln.

Lösung 18.5.07

1 $P(X = 0) = 6{,}25\ \%$

$P(X = 1) = 25\ \%$

$P(X = 2) = 37{,}5\ \%$

$P(X = 3) = 25\ \%$

$P(X = 4) = 6{,}25\ \%$

2 relative Häufigkeiten:

Töchter	0	1	2	3	4
rel. Häuf. %	7,5	31,5	33	23,5	4,5

3 Sie weichen voneinander relativ stark ab.

4 Die Stichprobe ist zu klein. Aber je größer die Stichprobe gemacht wird, desto mehr nähern sie sich an.

Lösung 18.5.08

1 $P(X \leq 150) = 15{,}87\ \%$

2 $P(150 \leq X \leq a) = 42{,}07\ \% \rightarrow a = 210{,}01$ g

3 Die Grafik beschreibt die Wahrscheinlichkeit, dass ein Apfel zwischen 110 g und 270 g schwer ist.

Lösung 18.5.09

$V = (60 \cdot 41{,}90 - 29\,000 \cdot 0{,}06 \cdot 1{,}90) \cdot 365 = -289.080$ €

Lösung 18.5.10

1 A: $P(\text{2 Ziehungen}) = \frac{7}{8} \cdot \frac{1}{7} = \frac{1}{8} = 12{,}5\ \%$

B: $P(\text{2 schwarze K.}) = \frac{2}{8} \cdot \frac{1}{7} = \frac{1}{28} = 3{,}57\ \%$

C: $P(\text{3 versch. Farben}) = 2 \cdot \frac{2}{8} \cdot \frac{5}{7} \cdot \frac{1}{6} = \frac{5}{84} = 5{,}95\ \%$

2 $P(\text{3 Kugeln} \wedge \text{rot beendet}) = \frac{7}{8} \cdot \frac{6}{7} \cdot \frac{1}{6} = \frac{1}{8} = 12{,}5\ \%$

3 $0 \cdot \frac{1}{8} + 30 \cdot \frac{5}{56} + (a - 10) \cdot \frac{5}{84} - 10 \cdot \frac{61}{84} = 0 \rightarrow a = 87$ Cent